AF495068

NOTE

SUR LES

ÉQUIVALENTS DU SYSTÈME PERMIEN

EN EUROPE,

SUIVIE D'UN

Coup d'œil général sur l'ensemble de ses fossiles,

ET D'UN TABLEAU DES ESPÈCES.

Lu à la Société géologique de France, le 3 juin 1844,

Par M. de VERNEUIL,

au nom de M. Murchison et au sien.

(Extrait du Bulletin de la Société géologique de France.)

Dans nos communications à la Société géologique de Londres, nous avons esquissé déjà les traits généraux des divers dépôts que nous réunissons, en Russie, sous le nom de système permien (1); nous avons dit comment une vaste contrée, deux fois plus grande que la France, est occupée par des couches alternantes et successives de gypses, marnes, calcaires, grès rouges et conglomérats; comment ces couches, contenant à la fois du cuivre disséminé, du soufre et quelques veinules de houille, sont caractérisées par une faune et une flore particulières, plus ou moins analogues à celles du *zechstein*, mais distinctes de terrain houiller et plus encore du trias; enfin nous avons exposé les motifs qui nous ont portés à donner une dénomination nouvelle à un système de couches si largement développé dans le royaume de Perm, et si différent, sous le rapport de la composition minéralogique, des lambeaux contemporains qu'on pouvait lui comparer dans les autres parties du continent. Notre but aujourd'hui est de présenter quelques considérations sur les équivalents du système permien en Europe, d'exposer les raisons qui nous paraissent devoir y faire comprendre la partie inférieure du

(1) *Geological proceedings*, an. 1841-1842; vol. III, p. 724.

bunter sandstein ou le grès des Vosges, et enfin de donner le tableau général des fossiles de cette époque et les résultats principaux que l'on peut en déduire.

Lorsque nous proposâmes pour la première fois le nom de système permien (1), nous y comprîmes, comme en formant la base, le *rothe todte liegende*. Si plus tard nous modifiâmes notre première opinion, nous y revenons aujourd'hui, car les coupes que nous avons eu occasion de voir en Allemagne, ainsi que les renseignements et les écrits des géologues les plus distingués, nous ont convaincus que le *rothe todte liegende* est véritablement séparé du terrain houiller, et même quelquefois en stratification discordante avec lui.

C'est principalement aux environs de Zwickau en Saxe que cette distinction est frappante. Le capitaine Gutbier, ayant là soigneusement collecté les plantes qui appartiennent à chacun de ces dépôts, ses échantillons nous ont mis à même de reconnaître que la flore du *rothe todte liegende* renferme certaines plantes identiques ou analogues à nos plantes permiennes, et que, bien qu'elles appartiennent toutes à des genres carbonifères, elles ne présentent pas une seule des espèces caractéristiques si abondantes dans les couches houillères sous-jacentes (2). D'un autre côté, tandis que le *rothe todte liegende* repose dans ce pays en stratification discordante sur le terrain houiller et contient des espèces distinctes, il passe à sa partie supérieure au *zechstein* et forme avec celui-ci un groupe naturel.

La même chose s'observe dans la Silésie supérieure. Dans le district montagneux qui s'étend de Waldenburg vers Glatz, il existe un petit terrain houiller surmonté par une série de grès rou-

---

(1) Lettre à M. Fischer, *Bull. de Moscou*, 1841, p 902. — *Leonhard Jahrbuch*, 1842, p. 91, et *Philos Mag.*, vol. XIX, p. 418. Nous avouons volontiers qu'en écrivant à M. Fischer, avant de quitter la Russie, nous avions oublié que MM. d'Omalius d'Halloy et Huot avaient donné les noms de terrain pénéen et psamméryrhique aux couches comprises entre le terrain houiller et le bunter sandstein ; nous croyons toutefois devoir conserver le nom de permien, parce qu'il est formé d'après le principe qui a porté déjà l'un de nous à substituer, dans la partie inférieure du terrain paléozoïque, des noms géographiques aux noms minéralogiques, et parce que la découverte de fossiles assez nombreux, et surtout de grandes richesses minérales (cuivre, sel, soufre, etc.), rend impropre la dénomination de pénéen, qui signifie pauvre.

(2) M. Gutbier a déjà fait connaître cet important résultat à la réunion des naturalistes à Iéna *Isis*, 1837, p. 435 ; *Léonhard Jahrb.*, 1838, p. 197.

ges, des conglomérats et de *shales*, dans la partie supérieure duquel se trouve un calcaire noir et bitumineux, particulièrement près de Friedland et Ruppersdorf sur la frontière de Bohême Cette roche, subordonnée à des dépôts rouges qui représentent le rothe todte liegende, et immédiatement supérieure au terrain houiller, contient des poissons du zechstein associés à des plantes très voisines de nos types permiens. Parmi les poissons, les *Palæoniscus vratislaviensis* et *lepidurus* Ag. sont les plus abondants. Parmi les plantes les plus communes, nous pouvons citer un *Odontopteris* qui ne se trouve jamais dans le terrain houiller sous-jacent, mais qui est très caractéristique des dépôts permiens en Russie; cette identification est établie sur l'autorité de l'excellent botaniste, le professeur Gœppert, qui pense avec nous que les autres plantes du calcaire et des schistes de ce groupe rouge sont spécifiquement différentes de celles des couches carbonifères. Maintenant, comme les poissons appartiennent aussi au même type que les ichthyolites trouvés dans le zechstein d'Allemagne et dans les roches parallèles de Russie, il ne peut pas y avoir de doute que les grès rouges, *shales*, marnes et conglomérats de la Silésie, avec calcaire subordonné, représentent le système permien; elles ont de plus un intérêt tout particulier en ce qu'elles indiquent une tendance à se rapprocher du type que ce dépôt affecte en Russie plutôt que des caractères qu'il possède dans l'O. de l'Europe.

Après avoir démontré que le rothe todte liegende doit être considéré comme le membre inférieur de la série permienne en Allemagne, pouvons-nous poursuivre le parallèle plus haut, et établir que dans ce pays, comme en Russie, quelques unes des couches qui recouvrent le zechstein doivent être groupées avec cette roche? Cette question a beaucoup d'importance; car le zechstein appartenant par ses fossiles au terrain paléozoïque, il s'agit de savoir si cette grande période a pris fin après les dernières assises de ce dépôt calcaire, ou si elle s'est prolongée au-delà.

Si nous interrogeons les faits, nous verrons qu'en Allemagne la partie inférieure du bunter sandstein sert de toit au zechstein, comme celui-ci au rothe todte liegende, et que ces trois dépôts sont en stratification concordante. Les bancs calcaires, ainsi que le kupferschiefer et ses dépendances, ne sont donc que le centre fossilifère d'un grand dépôt de conglomérats rouges, de grès et de *shales*. Partout où l'on peut observer les relations du zechstein avec le grès qui le recouvre, les deux dépôts sont si intimement unis, que la découverte de quelques fossiles permiens dans le plus élevé obligerait les géologues à les placer dans le même groupe naturel. Frappés de ces circonstances négatives en Allemagne et de l'évidence positive qu'en Russie le *type paléozoïque du zechstein se continue à travers des grès et des conglomérats placés au-dessus de cette roche* et renfermant un assez grand nombre de plantes, nous avons cru que la partie inférieure du bunter sandstein, placée exactement dans la même position stratigraphique que les conglomérats, marnes et grès permiens de Russie, devait être séparée du trias et réunie au zechstein.

En proposant cette manière de voir, nous n'avons aucunement envie de détacher du trias la totalité du premier de ses trois membres. Nous connaissons depuis longtemps les coupes de Sulz-les-Bains et autres lieux, qui, par une série continue de fossiles végétaux et animaux, lient incontestablement avec le muschelkalk les grès et les marnes qui lui sont inférieurs ; mais nous admettons avec M. Élie de Beaumont (1) et les auteurs allemands (2) les plus récents, que l'épais dépôt du bunter sandstein est divisible en deux parties. La partie inférieure, privée de fossiles, nous semble être parallèle aux grès cuprifères de la Russie, dans lesquels prédominent encore les types paléozoïques ; tandis que la partie supérieure, ou le grès bigarré proprement dit, forme la véritable base du trias ou des roches secondaires. La question nous semble donc se réduire à ceci : le pays de Perm, en Russie, nous fournit la preuve que les animaux et les plantes paléozoïques s'étendent dans des dépôts rouges *au-dessus* du zechstein proprement dit, et les strates qui occupent en Europe une position semblable, pour ainsi dire muettes à cet égard, n'ont rien offert qui y soit contraire.

En Angleterre, il y a peu de difficulté à grouper ensemble les différents membres qui, placés au-dessus du terrain houiller, représentent le système permien. Le plus important d'entre eux a été, il y a déjà longtemps, habilement décrit par le professeur Sedgwick. Ce géologue fut le premier à prouver que le lower new red sandstone (3) est l'équivalent du rothe todte liegende

---

(1) *Mémoires pour servir à une description géol. de la France*, vol. I, p. 1. — *Explication de la carte géologique de la France*, vol. I, p. 267.

(2) Voir la Table dressée par M. Cotta, et jointe aux cartes géologiques de Saxe préparées par cet auteur et M. Nauman. Nous pouvons ajouter que, dans une lettre qu'il nous a écrite, M. Nauman ne voit pas d'objection à notre classification.

(3) C'est à peine si l'on connait encore quelques plantes du lower new

(pontefract rock de Smith), qui, recouvert en stratification concordante par le magnesian limestone ou zechstein, est associé avec des marnes rouges, du gypse et des grès. Sa coupe, près de Kirkby, dans le Nottinghamshire, qui prouve l'existence de deux grès rouges séparés par des calcaires et des *shales*, le tout reposant sur coal measures (dans ce cas en stratification concordante), est un bon exemple de l'ensemble de notre groupe (1).

Dans d'autres parties de l'Angleterre, adjacentes à la région silurienne, nous plaçons en parallèle avec le système permien tous ces grès rouges et conglomérats qui entourent immédiatement et recouvrent souvent les bassins houillers des comtés du centre, et dans lesquels le magnesian limestone est représenté simplement par un conglomérat calcaire accidentellement dolomitique (2).

Quant à ce qui concerne l'Allemagne, nous ajouterons encore que l'un de nous (M. Murchison), après avoir visité en 1843 une partie de la Saxe et du Thüringerwald, examina aussi cette partie de Hesse-Cassel dont Ridchelsdorfs est le centre, et qu'il vit partout une succession concordante depuis le rothe todte liegende et le zechstein jusqu'au bunter sandstein inférieur. En Hesse-Cassel, M. Althaus von Rothenburg, habile géologue et directeur de mines, a distingué dans son district le bunter sandstein inférieur du supérieur, le premier constituant, comme dans les autres parties de l'Allemagne, le toit régulier du zechstein.

Le bunter sandstein inférieur de la vallée du Rhin, au S de Francfort, et depuis Heidelberg jusqu'à Baden Baden, est, comme celui du centre de l'Allemagne, entièrement privé de fossiles. Il prend peu à peu le caractère qu'on lui connaît de l'autre côté du Rhin, dans les montagnes des Vosges, où il a été si admirablement décrit par M. Élie de Beaumont sous le nom de grès des Vosges, et clairement séparé par lui du trias qui le recouvre.

En comparant la Russie à l'Allemagne, il est bon de signaler

---

red sandstone d'Angleterre. Le pontefract rock, de William Smith, qui ressemble assez à une des variétés de nos grès permiens, contient, selon les renseignements que nous a donnés le professeur Phillips, quelques plantes incertaines, l'une desquelles a été décrite par le professeur Lindley. *Fossil Flora*, vol. III, pl. 195.

(1) *Geologic. transact.*, 2e série, vol. III, p. 56, 57, 80, 81, et pl. V, fig. 1.

(2) Voir *Silurian system*, p. 54 et suiv., 466 et suiv., et pl. 29 et 37; voir aussi la nouvelle carte d'Angleterre, par M. Murchison, publiée par la Société *for the diffusion of useful Knowledge*, dans laquelle la classification permienne est appliquée pour la première fois.

cette différence, que, dans la première des deux contrées, il y a peu de traces de ces grès rouges et conglomérats si puissants, intercalés entre les dépôts carbonifères et le zechstein. Assez ordinairement le zechstein, ou les calcaires fossilifères qui le représentent, ne sont séparés du calcaire carbonifère que par des amas considérables de gypse blanc saccharoïde (1), et la plus grande partie des grès et conglomérats occupe la partie supérieure du système permien. Mais nous ne devons pas attacher une trop grande importance à la structure minéralogique des couches, quand nous cherchons à établir leur synchronisme dans des contrées éloignées les unes des autres; car l'examen comparé de la Russie avec le reste de l'Europe nous démontre qu'avec la plus frappante similitude, quant à la distribution générale des êtres organiques dans chaque grand système paléozoïque, il peut y avoir cependant de très grandes différences entre les roches qui les contiennent.

Le système permien, tel que nous le délimitons, comprend donc le *rothe todte liegende*, le *kupferschiefer*, le *zechstein* et la partie inférieure du *bunter sandstein* ou le grès des Vosges. En plaçant, comme l'ont fait MM. Deshayes, Bronn et Phillips, le zechstein et les couches qui l'accompagnent dans le terrain paléozoïque et en les considérant comme étant la continuation et la terminaison de la période jadis appelée période de transition, nous signalerons un désaccord apparent qui se manifeste ici entre la géologie et la paléontologie. En Europe, les couches permiennes reposent le plus souvent en stratification discordante sur les strates fortement redressées du système carbonifère (2); de pareilles discordances sont au contraire fort rares entre le trias et les dépôts permiens (3); si l'on ne prend en considération que les catastrophes purement physiques du globe, il serait donc naturel de terminer la période paléozoïque après le terrain carbonifère; mais si l'on interroge les restes organiques, on découvre entre les fossiles carbonifères et permiens une certaine communauté de carac-

---

(1) Dans le Harz, le gypse, ordinairement associé au stinkstein, se trouve au contraire à la partie supérieure du groupe magnésifère; il est également compacte ou grenu, à grains fins, et propre aux travaux de sculpture, et son caractère le plus remarquable, en grandes masses, est de former, comme en Russie, des cavernes spacieuses.

(2) Voyez le mémoire du professeur Sedgwick, *Géol. transac.*, vol. III, pl. V, fig. 3, et pl. VI, fig. 1.

(3) M. E. de Beaumont a prouvé que le grès des Vosges, que nous

tères que nous allons faire ressortir dans les pages suivantes, tandis que les fossiles permiens et triasiques sont *entièrement distincts*. C'est là, sans aucun doute, un fait important sur lequel nous ne saurions trop appeler l'attention, car il nous fournit la preuve que les distinctions les plus profondes entre les fossiles de deux terrains ne peuvent pas toujours être attribuées à de violentes révolutions de notre globe, par lesquelles, d'ailleurs, on n'explique que la destruction des animaux d'une époque, et non la création de ceux qui leur succèdent.

Nous allons maintenant corroborer nos conclusions sur l'indépendance du système permien, en même temps que sur ses rapports avec les dépôts paléozoïques, par une revue générale de ses restes organiques, et par une liste des espèces et leur distribution en Europe.

Faune du système permien. — Si la faune du système permien est moins riche que celle des roches paléozoïques inférieures, elle offre, au point de vue philosophique, un intérêt au moins égal; elle constitue, en effet, pour ainsi dire, le reste de cette première création d'animaux qui s'étaient développés pendant les trois âges précédents, et nous expose la dernière de ces altérations partielles et successives qu'ils ont éprouvées avant leur complet anéantissement. L'appauvrissement et l'extinction de plusieurs types, et la création d'une nouvelle classe de grands animaux, les sauriens, annoncent clairement la fin de la longue période paléozoïque et le commencement d'un nouvel ordre de choses.

Les deux plus grandes révolutions, dans le monde organique des temps passés, sont celles qui ont séparé l'époque paléozoïque de l'époque secondaire, et celle-ci de l'époque tertiaire. Les deux dépôts qui terminent chacune de ces grandes périodes, c'est-à-dire les dépôts permiens et la partie supérieure du terrain crétacé, occupent donc une place analogue dans l'histoire des phénomènes dont notre globe a été le théâtre, et doivent exciter au même degré l'intérêt des géologues.

Les espèces qui caractérisent le zechstein ou le magnesian limestone et le kupferschiefer n'ayant été mentionnées jusqu'ici que dans des ouvrages ou des mémoires séparés, nous avons cru qu'il serait utile de les grouper toutes ensemble, avec les espèces nouvellement découvertes en Russie, dans un tableau synoptique, où

---

faisons entrer dans notre système permien, a été soulevé avant le dépôt du trias, mais ce soulèvement n'a pas sensiblement altéré l'horizontalité des couches.

chacune d'elles est accompagnée du nom de son auteur, de ses synonymes et des localités où elle se trouve. Cette espèce d'inventaire a l'avantage de nous mettre en état de comparer l'ensemble de la faune permienne avec celle des époques précédentes, et aussi la faune spéciale de cette époque, en Russie, avec celle des dépôts correspondants dans l'Europe occidentale.

C'est sous ces deux points de vue que nous allons considérer ce sujet.

Le nombre total des espèces permiennes citées dans notre tableau, y compris quelques unes qui sont douteuses, est de cent soixante-six. Nous laissons de côté, hâtons-nous de le dire, certaines formes mentionnées par quelques auteurs, mais sur lesquelles il règne encore trop d'incertitude. Ce nombre est réellement peu élevé, quand nous le comparons à celui de la faune des époques carbonifère et devonienne, dans chacune desquelles plus de mille espèces ont été figurées ou décrites. De ces cent soixante-six espèces, cent quarante-huit sont exclusivement caractéristiques du système permien, tandis que dix-huit seulement se rencontrent dans les systèmes inférieurs. Si nous disséquons ces nombres afin d'en déduire les divers éléments de leur composition, nous découvrons aisément les traits caractéristiques qui distinguent le système permien de celui sur lequel il repose.

Les *polypiers*, qui, à l'époque carbonifère, s'élèvent à plus de cent espèces, sont, dans le système permien, réduits à quinze, dont trois ou quatre seulement se présentent avec une certaine profusion et appartiennent principalement, selon M. Lonsdale, au genre *Fenestella*. Cet exact et judicieux naturaliste, auquel ont été soumis tous nos échantillons de Russie ainsi que ceux du magnesian limestone, collectés par M. King, curateur du muséum de Newcastle, en Angleterre, est d'avis que pas une seule des espèces, qu'il a *lui-même* examinées, ne se rapporte à celles des époques précédentes, bien qu'elles possèdent, en général, des caractères paléozoïques assez prononcés.

Les *Crinoïdes* sont extrêmement rares; et de soixante-dix ou soixante-quinze espèces qui habitaient les mers carbonifères, une seule, le *Cyathocrinites planus* (Mill.), paraît avoir vécu pendant l'époque permienne; cette espèce solitaire est peu commune, et n'a pas encore été découverte en Russie.

Parmi les coquilles des formations anciennes, les *Brachiopodes* sont celles auxquelles, d'accord avec les autres géologues praticiens, nous accordons la plus grande importance; ce sont elles qui nous révèlent le mieux, peut-être, l'étroite connexion qui existe entre les systèmes carbonifère et permien. Dix des trente espèces permiennes sont communes aux deux systèmes. Les genres *Productus* et *Spirifer*, tous deux si largement développés à l'époque carbonifère, se continuent à travers les dépôts permiens, le premier y offrant six et le second huit espèces. Tous les *Productus* permiens sont très épineux, et l'espèce prédominante est le *P. horridus* (*P. aculeatus* Schl.). Deux seulement sont ornés de stries longitudinales régulières, savoir : les *P. Cancrini* et *Leplayi.* La première de ces deux espèces a une assez singulière distribution ; répandue avec profusion dans les strates permiennes de la Russie, et pouvant y servir de guide infaillible, elle manque complétement dans les dépôts correspondants de l'Europe occidentale, et se trouve plus bas dans le calcaire carbonifère de Visé, en Belgique (1).

Les *Spirifer* du système permien, tous plissés, ont beaucoup d'analogie avec ceux des strates inférieures ; deux espèces seulement paraissent passer d'un système dans l'autre, et même l'une d'elles, que nous rapportons au *S. hystericus*, est encore douteuse.

Les *Orthis*, l'une des premières formes sous lesquelles se sont montrés les brachiopodes, et que l'on sait être si caractéristiques des plus anciens dépôts, décroissent en nombre à mesure qu'ils traversent les zones devonienne et carbonifère, et n'ont plus, dans le système permien, que trois représentants, l'un en Russie et les deux autres en Allemagne.

Le petit genre *Chonetes* (Fischer), dont l'importance est principalement due à la distribution étendue d'une de ses espèces, la *C. sarcinulata* (*Leptæna lata* Von Buch), peut être considéré comme s'élevant en Europe depuis le système silurien jusque dans les couches carbonifères supérieures ; il pénètre même dans le système permien, si l'on doit, ainsi que nous le pensons, rapporter à ce dernier les gypses et les marnes de Bakhmut. La *Ch. sarcinulata* est si abondante dans les roches siluriennes de Ludlow, en Angleterre, qu'elle est un des meilleurs types de cette formation ; en Suède, elle se rencontre dans des couches du même âge ; en Angleterre et en Belgique, elle s'élève jusqu'à la série carbonifère inclusivement ; tandis qu'en Russie, entièrement inconnue dans les systèmes silurien et devonien, elle apparaît pour la première fois à l'époque carbonifère, et s'y montre subitement avec une plus grande profusion que dans les dépôts correspondants de l'O. de l'Europe. Quelque remarquable que soit ce fait, il peut s'expli-

(1) *De Kon. Descr. foss. Belg.*, p. 179, pl. IX, fig. 3, 1842.

quer cependant par les changements réitérés du relief du fond de la mer, et par d'autres phénomènes sous-marins, à la suite desquels cette *Chonetes* aurait été déplacée à une époque postérieure à sa création et transportée de l'occident vers l'orient. Là, sous des conditions favorables, elle a pu prendre un nouveau développement, et offrir ainsi le rare exemple d'une espèce qui, en changeant de pays, a vécu à travers tous les étages du terrain paléozoïque.

Le genre *Pentamerus*, si abondant à l'époque silurienne, et déjà rare dans les couches devoniennes, n'a pas encore été trouvé dans les systèmes carbonifère et permien. Conformément, toutefois, aux lois ordinaires de la nature, qui, dans les modifications des êtres à des périodes successives, semble souvent retenir quelques traits des types précédents, les Pentamères siluriens et devoniens sont représentés dans la seconde moitié des âges paléozoïques par des Térébratules qui offrent, dans leurs apophyses internes, une partie de la structure des Pentamères (1); nous voulons parler de la *T. Schlotheimi* V. Buch et de la *T. superstes* Nob. Dans ces espèces, en effet, la valve dorsale est munie, comme dans les Pentamères, de deux cloisons obliques, unies à leur base et fixées à une cloison verticale, qui part de l'extrémité du crochet et qui divise la coquille en deux parties égales, au moins dans une partie de sa longueur. Ces singulières Térébratules, les derniers représentants des Pentamères, disparaissent à leur tour à la fin de la période paléozoïque. La *T. Schlotheimi*, nous devons le dire en passant, présente la remarquable particularité qu'en Russie elle appartient exclusivement aux roches carbonifères, dans deux localités desquelles nous l'avons découverte; tandis qu'en Angleterre et en Allemagne, elle est un des fossiles caractéristiques du magnesian limestone et du zechstein.

Le système permien ne contient pas plus de neuf espèces de *Terebratula* correctement déterminées, dont cinq se rencontrent dans les dépôts plus anciens. Les espèces prédominantes sont lisses et ornées de stries concentriques; une seulement, la *T. Geinitziana* Nob., voisine de la *T. Thurmanni*, est plissée longitudinalement.

En résumé, si l'on considère l'ensemble des brachiopodes, nous

(1) M. King, curateur du Muséum de Newcastle-upon-Tyne, avec qui nous avons été en correspondance à ce sujet, propose d'établir, pour ces coquilles, un nouveau genre sous le nom de *Camerophoria*. Ce genre sera décrit dans la monographie qu'il prépare sur les fossiles du magnesian limestone d'Angleterre.

croyons que, de deux cents espèces qui peuplaient les mers carbonifères, dix seulement prolongèrent leur existence dans les couches permiennes, tandis que vingt nouvelles espèces y vinrent compléter le nombre total que les recherches les plus actives y ont pu découvrir jusqu'à présent.

Passant maintenant aux conchifères de l'ordre des *Dimyaires*, nous pouvons établir que, tandis que plus de deux cents espèces ont été découvertes dans les strates carbonifères, leur nombre est réduit à vingt-six dans le système permien. Le genre *Modiola* est très répandu en Russie et en Angleterre. Dans la première contrée, notre *Modiola Pallasii* est un aussi bon indicateur de l'âge des roches, où elle se rencontre, que le *Productus Cancrini*.

Le genre *Axinus* (1), si abondant dans le magnesian limestone, et si particulier à cette roche, a son représentant russe dans l'*A. rossicus* Nob.

Le nombre des *Monomyaires*, qui s'élève à environ soixante-quinze à l'époque carbonifère, est réduit à seize dans le système qui nous occupe, et quinze lui sont propres. Le genre *Avicula* y est à peu près aussi important que le genre *Modiola* dans les dimyaires. Il contient huit espèces, toutes de petite taille, et généralement lisses. Les plus connues dans l'Europe occidentale sont : l'*Avicula keratophaga*, Schl., l'*A. antiqua* Munst. et l'*A. speluncaria*. Cette dernière, très inéquivalve, a une forme gryphoïde et ressemble infiniment au type russe, l'*A. Kazanensis*. L'*Avicula antiqua*, que nous avons nous-mêmes trouvée dans le calcaire carbonifère de Vitegra et de Mala-Jaroslavetz, entre Kalouga et Moscou, est la seule espèce qui soit commune aux deux systèmes supérieurs du terrain paléozoïque.

Les *Gastéropodes* paraissent avoir éprouvé une très grande diminution au commencement du système permien, et n'avoir pas trouvé, pendant sa durée, de conditions favorables à leur développement; car si nous mettons de côté sept petites espèces de *Turbo* et de *Rissoa*, trouvées, jusqu'à présent, dans une seule localité près de Manchester (2), le nombre des gastéropodes connus en Angleterre, en Allemagne et en Russie, dans des roches de

---

(1) M. King, ayant observé que la coquille permienne nommée *Axinus* par Sowerby, différait essentiellement de l'*Axinus* tertiaire qui a servi de type pour l'établissement du genre, propose, pour la première, le nom de *Schizodus*. Voir sa monographie sus-mentionnée.

(2) Ce dépôt est décrit par M. Binney, *Transact. Soc. geol. Manchester*, 1er vol., et les coquilles sont déterminées par M. Brown.

cet âge, ne s'élève qu'à quinze espèces, tandis qu'on en connaît deux cent vingt-cinq dans le système carbonifère. A l'exception de trois, ces quinze espèces sont presque toutes nouvelles. Ajoutons que le petit nombre des individus, dans chaque espèce, n'est pas moins remarquable que le petit nombre des espèces elles-mêmes.

Les *Céphalopodes*, dont les divers genres, tels que Goniatites, Nautiles et Orthocératites, offrent plus de 160 espèces durant la période carbonifère, furent presque entièrement anéantis au commencement de l'ère permienne. Au moins, nonobstant les recherches les plus actives, nous a-t-il été impossible de découvrir la plus légère trace de Goniatite ou d'Orthocératite dans les immenses contrées permiennes de la Russie; le seul échantillon de Céphalopode que nous y ayons trouvé est un fragment de Cyrtocératite dans le calcaire de Schidrova près d'Ustvaga. On peut citer en Allemagne un Nautile figuré par M. Geinitz (1), et en Angleterre quelques fragments d'un Nautile, auquel M. King rapporte l'Ammonite indéterminée dont M. Sedgwick a parlé dans son mémoire sur le magnesian limestone. Maintenant, si l'on suppose que le fragment que nous avons trouvé en Russie appartient à un Nautile plutôt qu'à une Cyrtocératite, les Céphalopodes seraient réduits dans le terrain permien à un genre unique très peu répandu.

Le décroissement remarquable des Céphalopodes à la fin de l'ère paléozoïque n'est pas un fait sans parallèle dans la série des périodes géologiques; car, après que ces animaux se furent reproduits avec profusion et sous un grand nombre de formes nouvelles dans les terrains triasique, jurassique (2) et crétacé, nous

(1) *Neues Jahrb. Leonh.*, 1841, pl. XI, fig. 1. Le professeur Sedgwick vient de découvrir un nautile dans les roches siluriennes inférieures de Bala (North-Wales). Ce genre, qui vit encore, a donc traversé toute la série des terrains; mais il est assez curieux d'observer qu'à la première époque de son apparition, c'est-à-dire dans les roches siluriennes, il n'était représenté, comme à présent, que par une ou deux espèces.

(2) Les récentes recherches de M. Alcide d'Orbigny l'ont conduit à croire que la fin de la période jurassique a beaucoup d'analogie avec la terminaison des époques paléozoïque et crétacée, quant à la notable diminution du nombre des coquilles chambrées. Il ne connait dans le *portland rock* que 3 espèces d'ammonites, nombre qui fait contraste avec la prodigieuse quantité de ces animaux, d'un côté, dans le lias, ou l'oolite inférieure et moyenne, et de l'autre, dans les assises inférieures ou moyennes du terrain crétacé.

remarquons, vers la fin de cette dernière époque, une seconde et semblable disparition du plus grand nombre des Céphalopodes testacés.

Si les découvertes futures et une connaissance plus approfondie de la zoologie de ces temps reculés ne viennent pas contredire les résultats que semblent indiquer les faits déjà observés, ne devrait-on pas reconnaître, dans ce grand et intermittent phénomène, l'action d'une loi générale, dont la cause est et sera longtemps pour nous un mystère?

Mais, hâtons-nous de le dire, nous sommes loin de vouloir tirer des conclusions trop larges de matériaux encore incomplets et insuffisants, et la grande quantité d'espèces que l'on découvre chaque jour dans les roches paléozoïques nous tient en garde contre le danger de formuler des lois zoologiques trop générales; cependant notre confiance dans les principaux résultats auxquels nous sommes arrivés se fonde ici sur cette considération, que peu de dépôts ont été mieux et plus soigneusement étudiés que le zechstein et le kupferschiefer des Allemands ou le magnesian limestone des Anglais; et, comme l'activité des collecteurs modernes a peu ajouté à ce que l'on connaissait déjà des débris organiques de ces roches, nous croyons être en droit de raisonner sur le caractère général de la faune de cette époque; nous le croyons d'autant plus, enfin, qu'en traversant le vaste bassin de la Russie, occupé par des couches contemporaines, nous avons rencontré le même groupe de fossiles et les mêmes espèces, à la vérité souvent très rares, mais disséminées depuis l'embouchure de la Petchora et le pays des Samoïèdes vers la mer Glaciale, jusqu'au S. d'Orenbourg, ou sur un espace d'environ 16 à 18 degrés de latitude (1).

Si nous étendons notre revue de la faune permienne aux animaux d'une classe plus élevée, nous nous apercevons que les *Trilobites* y manquent entièrement. Schlotheim seul a parlé d'un fragment de Trilobite dans les schistes cuivreux de la Saxe; mais

(1) Nous venons d'apprendre, par une lettre de notre ami le comte de Keyserling, que, dans une expédition qu'il a faite l'été dernier avec M. Krusenstern, pour déterminer la géographie, la structure géologique et les productions naturelles des contrées situées entre la Dvina, la Petchora et l'Oural, il a retrouvé les strates permiennes sur les plateaux qui séparent ces deux rivières, les vallées étant recouvertes de dépôts jurassiques et postpliocènes. Il a découvert en outre une chaîne de montagnes basses, appelées dans le pays les monts Timaus, de 40 à 50 verstes

le comte de Munster s'est assuré que ce prétendu crustacé est un ichthyolithe appartenant à son genre *Janassa*. L'entière disparition de ces êtres si caractéristiques des plus anciennes formations est un de ces phénomènes auxquels nous attachons une grande importance. Dans l'étude de la succession des couches paléozoïques, nous voyons ordinairement que la disparition d'une race est régulièrement annoncée par la diminution graduelle du nombre de ses représentants pendant les époques précédentes. Ainsi en est-il des Trilobites. Elles apparaissent parmi les premières formes de la création et ayant leur maximum de développement dans la période silurienne; elles décroissent sensiblement dans les couches devoniennes, et sont réduites, dans les dépôts carbonifères, à quelques petites espèces, dont M. Portlock a fait ses genres *Griffithides* et *Phillipsia*. Ici se présente à nous un de ces admirables liens, par qui tout s'enchaîne dans la nature, et dont les strates qui constituent l'écorce du globe nous offrent tant d'exemples; car, au moment où s'éteint pour toujours une famille destinée à ne plus jamais reparaître, elle est remplacée par d'autres crustacés, les *Limulus*, qui se montrent pour la première fois dans les couches houillères, et qui sont représentés dans notre système permien par la grande et remarquable espèce jusqu'ici propre à la Russie, le *Limulus oculatus* Kutorga. A la différence des Trilobites, les *Limulus* ont survécu à toutes les nombreuses révolutions qui ont suivi leur création, et quelques unes de leurs espèces, assez éloignées, il est vrai, des types primitifs, existent encore de nos jours.

Quelque défavorables que les circonstances semblent avoir été en Europe, durant la période permienne, pour l'existence de certains mollusques, ainsi que pour les Trilobites, elles ne s'opposèrent pas à la propagation des vertébrés aquatiques. Les *Poissons* qui, à partir des roches siluriennes inférieures, se développent de plus en plus dans les périodes devonienne et carbonifère, se maintiennent en proportion considérable par rapport aux autres classes dans la faune permienne. Ils sont représentés par 16 genres renfermant 43 espèces, toutes, à l'exception d'une seule, propres

---

de largeur, qui, se dirigeant, à partir des sources de la Vitchegda, vers le N.-N.-O., forme la limite orientale des dépôts permiens, et est séparée de l'Oural par la dépression où coule la Petchora. Dans la contrée située entre cette rivière et l'Oural, comme dans l'Oural même, les roches permiennes n'existent pas, tous les dépôts sédimentaires y étant des dépôts paléozoïques inférieurs, associés avec les granites, et des roches éruptives et métamorphiques.

aux dépôts permiens. Cette unique exception est le *Palæoniscus Freieslebeni* Ag., qui a été découvert à Ardwick, près de Manchester, dans la partie la plus supérieure du terrain houiller (1). Ainsi donc, tandis que les Poissons, considérés comme classe, se propagent à travers toute la période dont nous nous occupons, nous voyons dans la présence de cette unique espèce commune à deux terrains, et trouvée dans un seul district, la confirmation de cette loi, généralisée par les recherches de M. Agassiz, que ces vertébrés servent à marquer avec une extrême précision l'âge des dépôts dans lesquels ils se rencontrent, et offrent à peine quelques exemples d'espèces qui aient vécu au-delà de la durée des mers et des sédiments particuliers où elles avaient pris naissance.

Enfin, l'époque permienne est surtout remarquable, comme étant la plus ancienne dans laquelle les travaux des géologues aient jusqu'à présent démontré l'existence de la grande classe des *Sauriens*, appelée plus tard à jouer un si grand rôle dans l'époque secondaire, et représentée, dans les premiers temps de la création, par les sauriens Thécodontes, *Palæosaurus* et *Protorosaurus*. Ce fait remarquable, que l'on peut placer en parallèle, pour ainsi dire, avec l'anéantissement des Trilobites, indique l'action incessante de cette loi d'amélioration et de partielle modification dans le règne animal, dont les effets sont lents et successifs, et paraissent être souvent indépendants, particulièrement en Russie, de ces grandes révolutions physiques qui ont affecté la surface de notre planète.

Après avoir étudié la faune permienne dans son ensemble, et avoir fait ressortir les rapports par lesquels elle se lie à celle de l'époque précédente, il est maintenant nécessaire de la considérer sous un autre point de vue et de rechercher la nature des modifications qu'elle éprouve dans des régions géographiques distantes. Dans le premier cas, nous l'avons suivie dans le *temps*, et nous avons comparé la totalité de la faune d'une période avec celle qui l'avait précédée. Il nous faut maintenant l'étudier dans *l'espace* ou dans son extension horizontale, pour comparer ses différentes parties l'une avec l'autre, les fossiles de Russie avec ceux de l'Europe occidentale, et pour voir si les déductions zoologiques confirment le parallélisme que nous établissons entre le vaste bassin permien de la Russie et les dépôts plus circonscrits associés au zechstein et au magnesian limestone de nos contrées.

Ce qui frappe tout d'abord, lorsque l'on compare la faune et la flore permienne de la Russie avec celles du reste de l'Europe,

(1) *Silurian system*, p. 89.

c'est la concordance qui non seulement existe dans l'ensemble des êtres et dans le phénomène de diminution de la vie animale, mais qui se maintient encore jusque dans les classes et les familles. Il existe et il doit exister pourtant certaines différences. Les mers vastes et étendues nourrissent ordinairement des animaux plus variés en espèces que les mers ou bassins très circonscrits, et nous en avons encore de nos jours des exemples dans les faunes de la mer Caspienne ou de la mer Noire comparées à celles de la Méditerranée ou de l'Océan; s'il en fallait rechercher les causes, peut-être les trouverions-nous dans la variété des conditions vitales qui se développent là où de grands courants échangent les productions de contrées éloignées et diversifient le climat.

On conçoit donc que la vaste mer permienne de Russie, bien que pauvre en êtres organisés (1) comparativement aux mers précédentes, ait dû cependant être plus riche que les mers étroites, et peut-être séparées, qui recouvraient alors quelques parties de l'Allemagne, de la France et de l'Angleterre.

En effet, la liste des espèces que nous avons découvertes en Russie forme à peu près le tiers de l'ensemble de la faune permienne; ce qui est considérable, si l'on réfléchit : 1° à la nature nécessairement rapide de notre voyage, destiné à tracer la distribution générale des terrains plutôt qu'à en rechercher longuement et minutieusement les fossiles; et 2° à l'absence presque complète de collecteurs locaux dans les contrées permiennes (2).

Le nombre des fossiles permiens trouvés jusqu'à ce jour en Russie, et que de nouvelles recherches ne tarderont pas sans doute à augmenter, est de 53; et nous disons qu'aucune des listes isolées, dressées soit en Allemagne, soit en Angleterre, ne s'élève

(1) Nous avons parcouru des provinces entières sans rencontrer un seul fossile dans les couches permiennes; les marnes rouges et les calcaires tufacés du gouvernement de Vologda, de la Dvina supérieure, de la Suchona, des plateaux entre Ustiug et Viatka, des bords du Volga au dessus et au-dessous de Nijni-Novgorod, ne paraissent pas contenir de restes organiques.

(2) Notre ami le major Wangenheim von Qualen est la seule personne de notre connaissance qui, résidant dans le cœur de la région permienne, se soit lui-même occupé d'en recueillir les fossiles. C'est à lui que l'on doit la découverte des sauriens décrits par M. Fischer de Waldheim, et nous venons d'apprendre qu'il a trouvé tout récemment un squelette assez bien conservé d'un de ces animaux. Le colonel Falkner, à Jugosk-Zavod, près de Perm, a aussi collecté quelques plantes.

encore aussi haut. Pour en juger, jetons un instant les yeux sur les ouvrages qui ont spécialement traité ce sujet.

Schlotheim (1), qui le premier appela l'attention sur les restes organiques de ces dépôts, n'en décrivit que 15 espèces.

Le professeur Sedgwick (2), dans son mémoire sur le magnesian limestone du nord de l'Angleterre, indique 33 espèces distribuées de la manière suivante : Poissons 8 ; Céphalopode (un fragment), Coquilles 22, dont 8 seulement sont déterminées ; Rétépores 2.

M. Quenstedt (3), dans une excellente comparaison des fossiles du zechstein de la Thuringe avec ceux du magnesian limestone d'Angleterre, énumère 10 poissons, 16 coquilles, 1 encrinite et 4 coraux.

M. Kurtze (4) et le professeur Germar (5), en décrivant les restes organiques du Kupferschiefer du Mansfeld, nous ont fait connaître 8 à 10 poissons ; les autres espèces de cette classe ont été décrites par le professeur Agassiz ou par le comte de Munster (6).

MM. Binney et Brown (7) ont reconnu 17 espèces de fossiles, presque microscopiques, dans les marnes rouges de Manchester, que nous considérons comme étant de cet âge.

Enfin la liste des fossiles du zechstein de la Saxe, récemment publiée par le docteur Geinitz (8), renferme 11 poissons, 1 nautile, 7 gastéropodes, dont 3 seulement sont déterminés, 8 conchifères, 11 brachiopodes, 1 encrine et 5 coraux, en tout 41 espèces.

Le nombre des espèces que nous avons collectées en Russie s'élève, ainsi que nous venons de le dire, à 53, sur lesquelles 32 sont propres à la Russie ; parmi les 21 qui restent, 16 sont connues dans le zechstein d'Allemagne ou dans le magnesian limestone d'Angleterre, et 5 seulement paraissent être absolument identiques avec des espèces appartenant en Europe à des systèmes

(1) *Denkschriften der Mün. akad*, 1817, vol. VI.

(2) *On the geolog. relations*, etc. : *of the magnes. limest.* (*Transact. geol. Soc. of London*, 2nd series, vol. III, part 1, 1829.

(3) *Uber die identitat der petrificate der Thuringischen, und Englischen zechstein.* (*Wiegm. Archiv.*, 1839, p. 79-89, pl. I.)

(4) Kurtze ; *Commentatio de Petrefactis quæ in Schisto bituminoso Mansfeldensi reperiuntur. Hallæ*, 1839.

(5) Germar ; *die Versteinerungen der Mansfelder Kupferschiefers. Halle*, 1840.

(6) Agassiz, poissons fossiles ; Munster, *Beitrage. Heft*, 1, 3, 5 et 6

(7) *Transactions of the Manchester geolog. Society*, 1841, vol. I.

(8) *Gæa von Sachsen.* (*Dresden und Leipzig*, 1843.)

plus anciens. Si nous analysons les 16 espèces communes au système permien de la Russie et au reste du continent, nous reconnaîtrons que 4 d'entre elles existaient déjà pendant la période carbonifère ; si à ces 4 espèces on ajoute les 5 sus-mentionnées, qui, en Russie, sont propres aux dépôts permiens, tandis qu'elles sont identiques avec les formes carbonifères des autres pays, nous arrivons à ce résultat que parmi 21 espèces permiennes communes à la Russie et à l'Europe occidentale, 9 ont vécu pendant les deux grandes époques carbonifères et permiennes. Il est très important de faire remarquer ici que l'on n'obtient un nombre aussi considérable d'espèces communes à deux systèmes qu'en comparant la faune d'une contrée à celle de l'Europe entière, car si nous limitions nos regards à la Russie, nous verrions que la proportion des espèces communes aux systèmes carbonifère et permien est la même que celle que nous avons trouvée pour l'ensemble de ces deux faunes en Europe, et que, dans tout ce vaste empire, 3 espèces seulement sur 53 descendent des dépôts permiens dans le système carbonifère, en sorte que 50 espèces peuvent être considérées comme y étant caractéristiques du système permien, bien qu'elles ne le soient pas lorsqu'on embrasse une plus grande portion du globe. Ces résultats prouvent qu'il existe un rapport nécessaire entre le plus ou le moins de durée des espèces sur la terre et leur extension ou propagation à travers de lointaines contrées, et confirment d'une manière remarquable cette loi déjà annoncée dans un mémoire sur les fossiles devoniens, savoir : « *que les espèces qui sont trouvées dans un grand nombre de localités et dans des pays éloignés sont presque toujours celles qui ont vécu pendant la formation de plusieurs systèmes successifs.* (1) »

Passons maintenant rapidement en revue les espèces trouvées en Russie, afin de les comparer dans chaque classe avec celles des autres parties de l'Europe, et de mettre dans tout son jour la contemporanéité des dépôts qui les renferment, avec ceux auxquels nous avons cru devoir les assimiler.

L'étude des Poissons fossiles semble nous enseigner, ainsi que nous l'avons dit plus haut, que les fossiles sont d'autant plus caractéristiques qu'ils sont plus élevés dans le règne animal ; mais la réciproque de cette proposition n'est pas tout-à-fait aussi absolue, et il ne faut peut-être pas admettre sans réserve que les fossiles placés au bas de l'échelle animale ne peuvent servir

(1) D'Archiac et de Verneuil, *Trans. geol. Soc.*; *London*. 2nd series, vol. VI. p. 335.

de *criterium* utile pour reconnaître l'âge des dépôts. De l'existence de polypiers semblables, dans des roches siluriennes et devoniennes (1), il a été déduit que, sous certaines conditions, ces êtres peuvent vivre durant un très grand laps de temps ; mais, d'après les espèces permiennes que M. Lonsdale a pu examiner, cette règle ne paraît pas devoir se confirmer ici, ainsi que nous l'avons déjà dit. Quoi qu'il en puisse être, remarquons, à l'égard de la nature de ces polypiers, qu'ils appartiennent, en Russie, comme dans l'ouest de l'Europe, principalement au genre *Fenestella.*

Quant aux Brachiopodes, sur 20 espèces trouvées en Russie, 8 sont propres à ce pays, et 12 sont déjà connues ailleurs. Ces 12 espèces sont ainsi distribuées : 2, les *Terebratula pectinifera* et *plica* appartiennent exclusivement au zechstein de l'Europe occidentale ; 3, savoir : les *Spirifer*, *cristatus*, la *Terebratula elongata* et la *Lingula mytiloïdes*, y sont communes au zechstein et aux dépôts plus anciens ; 1, la *Tereb. Schlotheimi,* se rencontre dans les roches carbonifères de la Russie et dans le zechstein de l'Allemagne et de l'Angleterre ; enfin 5 autres, les *Terebratula Roissyi* et *concentrica*, *Spirifer hystericus*, *Chonetes sarcinulata* et *Productus Cancrini*, sont propres dans l'ouest aux formations sous-jacentes ou carbonifères. Quant au *Spirifer undulatus*, il n'est cité en Russie que par M. Fischer.

La comparaison de ces 12 espèces de Brachiopodes avec celles de l'Europe occidentale paraît, au premier coup-d'œil, laisser indécise la question de savoir quelle place dans la série géologique on doit assigner aux dépôts permiens de la Russie ; mais, sans même quitter l'ordre des Brachiopodes, la considération de l'ensemble des espèces montre un degré de parallélisme, dans les modifications qu'elles ont éprouvées dans les deux pays, qui exclut toute espèce de doute. Le *Productus horrescens*, par exemple, quoique distinct du *P. horridus*, est évidemment l'analogue de cette coquille si caractéristique du zechstein ; et la disparition, en Russie comme dans le reste du continent, de tous les grands *Productus* carbonifères longitudinalement striés, leur remplacement par de petites espèces épineuses, aussi bien que la diminution frappante du nombre des *Orthis*, établissent clairement la contemporanéité de strates accumulées à de grandes distances

(1) Voir la description, par M. Lonsdale, des coraux siluriens et devoniens, dans le *Silurian System* de M. Murchison, et aussi dans les *Transactions géologiques*, 2nd series, vol. V, p. 754 ; vol. VI, p. 227, etc.

les unes des autres, mais sous l'influence de lois organiques analogues.

Les Dimyaires présentent 11 espèces permiennes en Russie, dont 8 sont propres à ce pays, et 3 au reste de l'Europe. Parmi les coquilles de cette classe, le genre *Modiola* est le plus abondant, ce qui se trouve en harmonie complète avec les traits distinctifs du système dans les autres contrées.

Les Monomyaires sont moins nombreux et sont représentés en Russie par 7 espèces, dont 4 sont propres à cet empire, et 3 sont déjà connues dans nos pays. Ces trois espèces appartiennent toutes au genre *Avicula*, qui, en Russie comme dans toutes les autres régions où règne le même système, offre quelques petites espèces lisses, et est surtout riche en individus. Parmi les plus caractéristiques, nous pouvons citer l'*Avicula Kazanensis*, qui semble remplacer l'*A. speluncaria* d'Allemagne.

Les Gastéropodes ne présentent rien de particulier, si ce n'est le petit nombre de leurs espèces, ce qui est conforme avec ce que nous avons déjà remarqué dans la faune permienne en général. Il en est de même des Céphalopodes et des Trilobites, car l'extrême rareté des uns et l'entière absence des autres sont complétement d'accord avec les faits européens.

Le petit nombre de poissons énumérés jusqu'ici en Russie (3 espèces) pourrait d'abord paraître contraster avec ce qui a été observé ailleurs; mais nous devons dire que c'est plutôt au défaut de recherches suffisantes ou au manque de descriptions qu'à la non-existence de ces êtres qu'il faut attribuer la pauvreté de notre liste. Nous n'avons visité d'ailleurs qu'une seule des localités (Kargala) où les débris de poissons sont associés aux ossements de sauriens; mais les échantillons que nous avons vus provenant de Menselinsk, du district de Bielebei et des environs d'Orenbourg (dont les meilleurs sont déposés dans le Muséum du Corps des Mines à Saint-Pétersbourg), nous ont convaincus qu'il existe réellement un assez bon nombre de poissons dans les couches permiennes de ce pays (1).

---

(1) Plusieurs poissons fossiles ont été rapportés, par le baron de Humboldt et ses compagnons Rose et Ehrenberg, des grès cuprifères de Verschni Moulinsk, près de Perm, et ils sont déposés dans le Muséum royal de Berlin, où nous les avons vus. Ils sont mentionnés, par M. Gustave Rose, dans la *Description du voyage de M. de Humboldt*, vol. I, p. 117; l'un d'eux nous a paru peu différent du *Palæoniscus catopterus* Ag.

Enfin se montrent les Sauriens, et leur apparition simultanée aux deux extrémités du continent européen est une des meilleures preuves que les lois qui, dans les époques anciennes, présidaient à l'apparition des nouvelles classes d'animaux, exerçaient leur influence sur de vastes territoires, sinon sur toute la surface du globe.

Ce développement synchronique des principaux phénomènes de la nature organique nous paraît une démonstration véritable de la contemporanéité des vastes dépôts permiens de la Russie avec ceux que nous leur comparons, à savoir : le rothe todte liegende, le kupferschiefer, le zechstein et la partie inférieure du bunter sandstein ou grès vosgien de M. Élie de Beaumont. Le nombre des espèces russes identiques avec celles de nos contrées est à peu près celui que nous devions nous attendre à trouver dans cette partie reculée de l'Europe, où ces dépôts non séparés les uns des autres par des chaînes de roches anciennes, ni brisés par des masses éruptives, constituent peut-être le dépôt le plus vaste et le plus continu qui ait encore été soumis aux investigations des géologues.

Flore du système permien. — Dans les grès et conglomérats cuivreux qui surmontent les calcaires fossilifères, c'est-à-dire vers la partie supérieure du système permien, se rencontrent, en diverses localités, des plantes assez nombreuses que nous avons soumises d'abord, en Angleterre, à M. Morris, qui les a fait graver pour notre description géologique de la Russie, et qui a désiré, ainsi que nous, connaître l'opinion de M. Ad. Brongniart. Cette grande autorité en botanique fossile a reconnu, d'après la forme de leurs feuilles, les genres et les espèces suivants : 1° *Neeropteris salicifolia* Fisch.; 2° *N. tenuifolia* Ad. Br.; 3° *Odontopteris Strogonovii* Morris (*Adiantides*, *id.* Fisch.); 4° *Od. permiensis* Ad. Br.; 5° *Od. Fischeri* Ad. Br. (*Adiantites pinnatus* Fisch.); 6° *Pecopteris Wangenheimi* Ad. Br. (*Neeropteris*, *id.* Fisch.); 7° *P. Gœpperti* Morris; 8° *Sphenopteris lobata* Morris; 9° *Sp. erosa* Morris; 10° *Sp. incerta* Morris (*Hymenophyllites*, *id.* Fisch.); 11° *Nœggerathia cuneifolia* Ad. Br. (*Spheropteris*, *id.* Kutorga); 12° *N. expansa* Ad. Br.; 13° *Calamites gigas* Ad. Br.; 14° *C. Suckowii* Ad. Br. (1); 15° *Lepidodendron elongatum* Ad. Br. M. Brongniart termine de la manière suivante ses observations sur les espèces :

(1) Toutes ces espèces seront décrites et figurées dans notre *Description géologique de la Russie.*

« Si, après avoir passé en revue tous les échantillons du système » permien que j'ai pu examiner par moi-même et ceux sur lesquels les figures donnaient des indications suffisantes, nous com-» parons cet ensemble de plantes, encore très peu nombreuses, » aux flores des périodes géologiques les plus voisines, nous re-» marquons :

» 1° Qu'il y a deux ou trois espèces qui paraissent identiques » avec des plantes du terrain houiller : les *Nevropteris tenuifolia*, » *Lepidodendron elongatum*, *Calamites Suckowii* ;

» 2° Que les autres espèces, au nombre de douze, n'ont, jus-» qu'à ce jour, été observées dans aucun autre terrain, ni terrain » houiller, ni grès bigarré, ni keuper ;

» 3° Que tous les genres sont ceux du terrain houiller, et que, » jusqu'à ce jour, les *Lepidodendron*, *Næggerathia* et *Odontopteris*, » n'ont été observés que dans la formation houillère. Les vrais » *Nevropteris* paraissent aussi rarement s'étendre au-delà ;

» 4° Qu'aucune de ces plantes fossiles n'est comparable à celles » du terrain de grès bigarré, et que l'absence des conifères carac-» téristiques de ce terrain (les *Voltzia*) indique une différence très » notable entre la flore permienne et la flore du grès bigarré ;

» 5° Que, botaniquement, le terrain permien diffère peu du » terrain houiller, et que les plantes qui y sont renfermées parais-» sent être la suite d'une végétation de même nature ;

» 6° Que les plantes fossiles peu nombreuses, contenues dans les » schistes du zechstein d'Allemagne (1), étant, pour la plupart, » des plantes marines, sont nécessairement fort différentes de celles » du terrain permien. »

---

(1) Les espèces de plantes, au nombre de 10 à 12, qui ont été trouvées dans le Kupferschiefer, ou les bancs arénacés associés au zechstein d'Allemagne, sont principalement des fucoïdes, et ont été appelés *Caulerpites*. Selon M. Brongniart, les seules plantes terrestres de ces dépôts en Allemagne, sont le *Tæniopteris Eckardti* Germar, et un *Nevropteris*, mentionné par Nauman. (Voyez Geinitz, *Gæa von Sachsen.*)

LISTE DES ANIMAUX FOSSILES DU SYSTÈME PERMIEN EN EUROPE.

Nota. Les syllabes Sil., Dev., Carb. et Perm., et les lettres S., D., C., P., après les localités, sont des abréviations de systèmes Silurien, Devonien, Carbonifère et Permien. — Les lettres R. et E. indiquent, l'une que l'espèce appartient à la Russie, et l'autre qu'elle a été trouvée dans les autres parties de l'Europe. — Les localités russes sont imprimées en italique. — Les lettres M. S. KING se rapportent à une monographie des fossiles du Magnesian limestone d'Angleterre, que va publier M. King, curateur du muséum de Newcastle-upon-Tyne. — Les mots *posteà*, part. III, et tab. nost., ont rapport à l'ouvrage que nous préparons sur la Russie.

N°	Genres et espèces.	Auteurs et Synonymie.	Terrain paléozoïque.				Localités.	Observations.
			Sil.	Dev.	Carb.	Perm.		
	POLYPIERS.							
	Scyphia............	Goldf.						
1	— nouv. espèce.....	King, MS..........................	.....	.....	.....	E.	Humbleton près Sunderland (K.)*.	
	Petraia?...........	Münst.						
1	— nouv espèce.....	King, MS..........................	.....	.....	.....	E.	Ibid (K.).	
	Cyathophyllum	Goldf.						
1	profundum......	Germar, Geinitz, N. Jahrb. 1842, p. 579. tab. 10. f. 14 *a*.	.....	.....	.....	E.	Ilmenau, Mansfeld (G).....	Admis sur l'autorité de Geinitz.
	Anthophyllum?.....	Goldf.						
1	— incrustans.......	Lons. *posteà*, pt. iii..............	.....	.....	.....	R.	*Ust-Vaga*, *Kirilof* (De V.).	
	Tubulielidia........	Lons.						
1	— spinigera........	Lons. *posteà*, pt. iii..............	.....	.....	.....	R. E.?	*Ust-Vaga*, *Orenburg*, *Ilchegulova*, *Itschalki* (De V.); *Grebeni* (De V.), Humbleton?	

* Dans la classe des polypiers, les localités sont accompagnées de leurs autorités, M. Lonsdale n'ayant pu voir lui-même les échantillons cités dans chacune d'elles. De V. signifie de Verneuil, G. Geinitz, Gf. Goldfuss, K. King, M. Murchison, S. Sedgwick, Sc. Schlotheim.

n°	Genres et Espèces.	Auteurs et Synonymie.	Sil.	Dev.	Carb.	Perm.	Localités.	Observations.
2	Tubuliclidia crassa..	Lons. *posteà*, pt. iii...............	.....	.....	.....	R.	*Ust-Vaga* (De V.).	
	Aulopora..........	Goldf.						
1	— nouv. espèce.....	King, MS......................	.....	.....	.....	E.	Humbleton (K.).	
	Fenestella..........	Miller.						
1	— anceps..........	Lons. *posteà*, pt. iii. *Ceratoph. id.* Schl. Mün. Ak. vi. pl. 2. f. 7; *Gorgonia id.* Goldf. tab. 36. f. 1: Schl. Syst. Verg. Pet. Samml. p. 19; Quenstedt, Wiegm. Archiv, 1835, p. 92; Geinitz, N. Jahrb. 1841. p. 641; and Gæa von Sachsen, p. 98.	.....	.....	.....	E.	Glücksbrunn (Sc. Gf.); Konitz (G. K.); Pœsneck, Kamsdorf, Corbusen, Schwaara, et Dinz près Gera (G.); Humbleton (K.).	
2	— antiqua..........	*Gorgonia id.* Goldf. p. 98; Geinitz, Gæa v. Sachs. p. 98: Kutorga Verh. M. G. Petersb. 1842. pl. 6. f. 6.	E.	E.	R.?	E.	Dudley, S.; Eifel, et Devonshire? D. (Gf. P.); *Oural*, C. (Gf.): *Sterlitamak*, C. (De V.); Kœnitz, Kamsdorf, etc. P. (G.).	Introduite ici comme espèces du Zechstein sur l'autorité de Schlotheim.
3	— ? dubia..........	*Gorgonia id.* Schl. Mün. Ak. vi. pl. 2. f. 4; pl. 3. f. 1. (*Encrinites ramosus*, pl. 4. f. 16.) *Gorgonia id.* Goldf. pl. 7. f. 1; Quenstedt, Wiegm. Archiv. 1835, p. 91; Geinitz, Gæa v. Sachs. 1843. p. 98.	E.	E.	.....	E.?	Glücksbrunn (Sc. Gf.); Konitz, Pœsneck, Corbusen (G.).	
4	— flustracea........	*posteà*, pt. iii.; *Retepora id.* Phillips, Geol. Trans. 2nd series, iii. p. 120 pl. 12. f. 8; *Gorgonia infundibuliformis?* Goldf. tab. 10 f. 1 *a* (*exclusis aliis*).	.....	.....	.....	E.	Humbleton (S. K.); Kœnitz (K. G.); Glücksbrunn (Gf. G.); Pœsneck (G.).	

n°	Genres et Espèces.	Auteurs et Synonymie.	Sil.	Dev.	Carb.	Perm.	Localités.	Observations.
5	F. infundibuliformis.	*posteâ*, pt. iii. ; *Gorgonia id.* Goldf. pl. 36. f. 2 *a* (*exclusis aliis*).	.....	.....	.....	R.	*Oural?* (Gf.), *Ilchegulova*, *Tchagestrova* sur la *Dwina* (De V.).	
6	— ramosa..........	*posteâ*, pt. iii. *Hornera? id.* King, MS.	.....	.....	.....	E.	Humbleton (K.).	
7	— retiformis........	*posteâ*, pt. iii. *Escharites id.* Schloth. Mün. Ak. vi. pl. 1. f. 1, 2; *Eschara id.* Schloth. Syst. Verz. Pet. Samml. p. 19; *Gorgonia infundibuliformis* Goldf. pl. 36. f. 2, *b. c.*; Quenstedt, Wiegm. Archiv, 1835. p. 89; Geinitz, Gæa v. Sachsen, p. 98.	.....	.....	.....	R. E.	Glücksbrunn (Sc. Gf. G.): Kœnitz, Pœsneck (G.); *Itschalki*, *Grebeni* (De V.).	
8	— virgulacea.......	*posteâ*, pt. iii. *Retepora id.* Phillips, Geol. Trans. 2nd series, iii. p. 120. pl. 12. f. 6, 7.	.....	.....	.....	E.	Humbleton (S. K.).	
	ECHINODERMES.							
	Crinoïdes.							
1	Encrinites..........	Mill.						M. King a trouvé à Humbleton une espèce non décrite de Cidaris.
	— ramosus..........	Schl. Beitr. pt. ii. pl. 2. f. 8; pl. 3. f. 9, 15; Geinitz, Gæa v. Sachsen. p. 98; *Cyath. planus*, Miller. p. 86.	.....	.....	E.	E.	Bristol, Irlande, C.; Glücksbrunn, Kamsdorf, Pœsneck, Mansfeld, Humbleton, P.	
	CONCHIFÈRES.							
	Brachiopodes.							
	Terebratula........	Brug.						

n°	Genres et Espèces.	Auteurs et Synonymie.	Sil.	Dev.	Carb.	Perm.	Localités.	Observations.
1	Terebrat. elongata ..	Schl. (non Sow.) Pet. pl. 20. f. 2; Nachtr. 20 f. 2; id. Mün. Akad. vol. vi. pl. 7. f. 7; V. Buch, Ub. Ter. p. 106; Geinitz, Gæa v. Sachs. p. 97; Rœmer Verst. des Harz. pl. 5 f. 18, 19, 20; *T. Qualenii* Fisch. Bull. de Moscou, 1842, p. 466; id. Kutorga, 1842, Verh. M. G. St. Pétersb. p. 26. pl. 6. f. 2; *T. hastata*? Phill. (non Sow.) Pal. Foss. pl. 35. f. 168: Tab. nost. IX. f. 9 *a*, *b*, *c*, *d*.	.....	E.	E.	R. E.	Grund, Harz: Newton Bushel? D.; Yorksh. C.; Schmerbach, Glücksbrunn, Corbusen, Pœsneck, Humbleton, *Itschalki*, *Nikefur*, *Santangulova*, 2 verstes de la *Dioma*, *Tchelpan*, *Yemangulova*, embouchure de la *Sakmara* près *Orenbourg*, *Ilchegulova*: rivière *Suchona*, P.	T. *lata*, *complanata*, *intermedia*, Schl., Mün. Ak. vol. vi. pl. 7. f. 12-14. (selon M. Geinitz.)
2	— id. var.	T. plica, Kutorga, 1842, Verh. M. G. St. Pétersb. p. 26. pl. 5. f. 11.	.....	.....	R.	R. E.	*Sterlitamak*, C.; *Kirilof*, Humbleton, Corbusen, P.	Variété avec un sinus dorsal. Un semblable sinus existe quelquefois selon M. de Buch dans la *T. elongata*.
3	— sufflata.........	Schl. Mün. Ak. vi. pl. 7. f. 10, 11; Mém. Soc. Géol. Fr. vol. iii. pl. 19. f. 12 *bis*.	.....	.....	.....	E.	Glücksbrunn, Schmerbach, Humbleton.	Voisine de la variété précédente.
4	— concentrica.....	V. Buch. Ub. Tereb. et Mém. Soc. Géol. Fr. vol. iii. p. 216. Tab. nost. VIII. f. 15.	....	R. E.	....	R.	Eifel, Boulonnais, lac *Ilmen*, D.; *Nikefur*, P.	
5	— Roissyi.........	Bull. Soc. Géol. Fr. vol. xi. pl. 3. f. 1 *b*, *c*, *d*; *Sp. id.* L'Eveillé, Mém. Soc. Géol. Fr. vol. ii. pl. 2. f. 18-20; De Kon. Foss. Belg. pl. 20. f. 1. pl. 21. f. 1.	.....	.....	E.	R.	Tournay, C.: *Kirilof*, *Arzamas*, P.	

n°	Genres et Espèces.	Auteurs et Synonymie.	Sil.	Dev.	Carb.	Perm.	Localités.	Observations.
6	Terebr. pectinifera..	*Atrypa. id.* Sow. Min. Conch. vol. vii. pl. 616; Tab. nost. VIII. f. 16 *a*, *b*.	.....	.....	.....	R. E.	*Kirilof*, *Tioplova*, *Bielebei*, Humbleton.	Cette espèce est très voisine de la *T. Thurmanni.*
7	— Geinitziana......	nob. Tab. nost. X. f. 5 *a*, *b*.........	.....	.....	.....	R.	*Shidrova*; rivière *Suchona*...	
	— inflata?.........	Schl..........................	.....	.....	.....	.....	Schmerbach, Ropsen......	Ces 3 espèces sont mentionnées mais non décrites dans la traduction allemande du Manuel géologique de De La Bèche par M. Dechen.
	— paradoxa?.......	idem..........................	.....	.....	.....	.....	ibid.	
	— pygmæa?........	idem..........................	.....	.....	.....	.....	Leimstein.	
8	— lacunosa?.......	Von Buch, Ter. p. 49; Zieten, pl. 41. f. 5; Geinitz, Gæa von Sachsen, p. 96.	.....	.....	.....	E.?	Ilmenau (Geinitz), Humbleton (V. Buch).	Nous croyons que cette espèce jurassiq. n'a jamais été trouvée dans le Zechstein.
9	— superstes........	nob. Tab. nost. VIII. f. 5 *a*, *b*, *c*, *d*, *e*.	.....	.....	.....	R.	*Kirilof.*	
10	— Schlotheimii.....	Tab. nost. VIII. f. 4 *a*, *b*, *c*, *d*, *e*; *T. lacunosa.* Schl. Mün. Ak. vol. vi. pl. 8. f. 15-20; *T. Schlotheimii*, de Buch, Mém. Soc. Géol. Fr. vol. iii. pl. 14. f. 7: Geinitz, Jahrb. Min. 1841, p. 640; id. Gæa v. Sachsen, p. 96.	.....	.....	R.	E.	*Sterlitamak*, *Sarana*, C., Humbleton, Schmerbach, Ilmenau, Corbusen, Kœnitz, Gera, P.	M. King propose pour cette espèce et la précédente un nouveau genre qu'il nomme *Camerophoria*.
	Spirifer...........	Sow.						

nº	Genres et Espèces.	Auteurs et Synonymie.	S il.	Dev.	Carb.	Perm.	Localités.	Observations.
1	Spirifer undulatus...	Sow. Min. Conch. 562. f. 1 : *Ter. alatus*, Schl. Min. Tasch. VII. pl. 2 f. 1, 3, 9 ; Petref. p. 250 ; Quenst. Wiegm. Arch. 1835, p. 79 ; V. Buch, Ub. Delth. p. 37 ; Gein. Gæa v. Sachsen, p. 97.	.....	.....	.....	R.? E.	Midderidge, Humbleton, Gera, Rœpsen, Kœnitz ; Schmerbach, *Bielebei ?* (Fisch. Bull. Mosc. 1842, p. 466).	
2	— multiplicatus.....	Sow. Geol. Tr. 2nd ser. t. iii. p. 119.	.....	.....	.....	E.	Humbleton............	
3	— hystericus?......	Schl. Pet. p. 249. pl. 29. f. 1 : De Kon. Foss. Belg. p. 236. pl. 15. f. 3 ; *Delthyris micropterus*, Goldf.	E.	E.	E.	R. ?	Kaysersteinel, S. ; Eifel. D., Tournay, C. ; *Kirilof?* P.	
4	— cristatus.........	Schl. Mün. Ak. 1817, t. vi. pl. 1. f. 3 ; *S. octoplicatus*, Sow. Min. Conch. 562. f. 2, 3 ; V. Buch, Uber Delth. p. 39. et Mém. Soc. Géol. Fr. pl. 8. f. 9 : Gein. Gæa v. Sachsen, p. 97 ; De Kon. Foss. de Belg. p. 240. pl. 15. f. 5.	.....	.....	E.	R. E.	Derbyshire, Visé, C. ; Glücksbrunn, Kœnitz, Ilmenau, Humbleton, *Arzamas*, *Itschalki*, P.	
5	— curvirostris......	nob. Tab. nost. VI. f. 14 *a*, *b*......	....	.....	.....	R.	*Kirilof.*	
6	— Blasii..........	nob. Tab. nost. VI. f. 9 *a*, *b*, *c*, *d*..	.....	.....		R.	*Kirilof.*	
7	— rugulatus*.......	Kutorga, 1842, Verh. M. G. St. Petersb. p. 22. pl. 5. f. 5.	.....	.....		R.	*Santangulova*, distr. de *Bielebei.*	
8	— ind. spec........	Tab. nost. VI. f. 13............	.....	.....	.....	R.	*Santangulova.*	
	Orthis............	Dalm.						

* Outre ces sept espèces, plusieurs autres *Spirifer* ont été cités dans le Zechstein, mais sans aucuns détails, tels que le *S. minutus*, Sow. ; (Sedgwick, *Geol. Trans.*, vol. 3, p. 119) ; le *S. multicostatus*, Dechen (Geinitz, Gæa von Sachsen). Il est très douteux que le *S. trigonalis* ait jamais été réellement trouvé dans le Zechstein, quoiqu'il soit mentionné dans la traduction allemande du *Manuel de De La Bèche*.

n°	Genres et Espèces.	Auteurs et Synonymie.	Sil.	Dev.	Carb.	Perm.	Localités.	Observations.
1	Orthis pelargonata...	Ter. id. Schl. Mün. Ak. vi. pl. 8. f. 21-24; *O. Laspii*, V. Buch, Mém. Soc. Géol. Fr. iv. p. 210.	.....	.....	.....	E.	Rœpsen (V. Buch), Kœnitz (Dechen), Schmerbach (Quenstedt).	Aff. *O. crenistria*.
2	— Wangenheimi....	nob. Tab. Nost. XI. f. 5 *a*, *b*........	.....	.....	.....	R.	*Grebeni.*	
3	— excavata........	Geinitz, N. Jahrb. für Min. 1842. p. 578. pl. 10. f. 12, 13; Gein. Gæa v. Sachsen, p. 97.	.....	.....	.....	E.	Altenburg près Pœsneck ...	Cette coquille, que nous n'avons pas vue, paraît avoir, selon la description, une valve ventrale concave et pourrait être un *Leptæna*.
	Chonetes..........	Fischer.						
1	— sarcinulata......	Ter. id. Schl. 1820, Petref. p. 256. pl. 29. f. 3; *O. striatella*, Dalm.; id. His. Leth. Suec. 20. f. 7; *Lept. lata*. V. Buch, Berl. Akad. 1828, pl. 3. f. 1 et 2; *Orthis Hardrensis*, Phill. Pal. Fos. 60. f. 104.	R. E.	E.	R. E.	R.	Ludlow, Ems, Daun, Prüm, Gothland, *Pokroi*, S.; Berry, Pomeroy, Eifel D.; Hardrow, Yorkshire, Tournay; *Vitegra*, *Dwina*, *Donetz*, C.; environs de *Bakhmut*, P.	
	Productus.........	Sow.						
1	— horridus........	Sow. Min. Conch. pl. 319. f. 1; *Pr. calvus*, pl. 569. f. 2-6; *Gryphites aculeatus*, Schl. Min. Taschb. vii. pl. 4. f. 1, 2, 3; *Pr. id.* Quenstedt, Wiegm. Arch. 1835, pl. 1. f. 2; Bronn. Leth. pl. 3. f. 1, 2; Gein. Jahrb. 1841, p. 640; id. Gæa v. Sachsen, p. 97; *P. Hoppii*, Kœn. Icon. Fos. Sect. pl. 9. f. 108.	.....	.....	.....	E.	Glücksbronn, Eisenach, Kamsdorf, Ilmenau, Rœpsen, Schmerbach, Humbleton, Durham.	
2	— horrescens......	nob. Tab. nost. XVIII f. 1 *a*, *b*, *c*, *d*; *P. calva*, Kutorga (non Sow.), Verh. M. G. St. Pétersb. p. 17. pl. 5. f. 1.	.....	.....	.....	E.	*Ust-Vaga*, ***Kirilof***, ***Krasnoborsk***, *Nikefur*, plusieurs localités dans le district de *Bielebei*.	

n°	Genres et Espèces.	Auteurs et Synonymie.	Sil.	Dev.	Carb.	Perm.	Localités.	Observations.
3	Productus Cancrini..	nob. Tab. nost. XVIII. f. 7. et XVI. f. 8 *a*, *b*, *c*; De Kon. Fos. Belg. p. 179. pl. 9. f. 3; Fisch. Bull. Moscou, 1842, p. 466; *P. spinosus*, Kutorga *loc. cit.* p. 18. pl. 5. f. 2. (non Sow.)	.....	.....	E.	R.	Visé, C. : *Arzamas*, *Itschalki*, *Kniaspavlova*, *Ustlon* et *Sviask* près Kasan, *Kliutziski*, *Kidash*, *Nikefur*, *Ilchegulova*, *Meteftamak*, *Grebeni*, P.	
4	— Leplayi.........	nob. Tab. nost. XVI f. 4 *a*, *b*.......	.....	.....	.....	R.	*Bielagorskaia* près *Bakhmut*.	
5	— Morrisianus......	*Strophalosia Morrisiana*, King (MS.)..	.....	.....	.....	E.	Humbleton..............	Ces deux espèces ont une petite *Area* comme dans les *Productus horrescens* et *subaculeatus*.
6	— spiniferus**......	*Strophalosia spinifera*, King (MS.)....	.....	.....	.....	E.	Humbleton..............	
	Lingula...........	Brug.						
1	— mytiloides.......	Sow. Min. Conch. pl. 19. f. 1, 2; Portlock, Rep. Londond. p. 444. pl. 32. f. 7.	.....	.....	E.	R.? E.	Wolsingham, Co. de Durham, Tyrone, C.; Thickley, *Cleveline* sur la *Tcheremsham*, P.	L'espèce russe se rapproche de la *L. parallela* Phill.
	Orbicula..........	Lam.						
1	— ? speluncaria.....	Schl. De La Bèche, Manuel, édition allemande, p. 459.	.....	.....	.....	E.	Glücksbrunn............	Corps très douteux.
	DIMYAIRES.							
	Solemya..........	Lam.						
1	— biarmica........	nob. Tab. nost. XIX. f. 4 *a*, *b*.......	.....	.....	.....	R.	*Kniaspavlova* près *Barnukova*; *Gorodok* sur la *Tchussowaya*; *Karta*, district de *Bielebei*.	
	Allorisma.........	King (MS.).						
1	— elegans.........	King (MS.).....................	.....	.....	.....	R.? E.	*Arzamas*; Humbleton.	
	Osteodesma........	Deshayes.						

** Les *P. rugosus*, Schl.; *antiquatus*, Sow.; *spinosus*, Sow., et *longispinus*, id., sont cités dans l'édition allemande du *Manuel de De La Bèche* comme trouvés dans le Zechstein ; mais des observations plus exactes semblent prouver qu'elles n'y existent pas.

n°	Genres et Espèces.	Auteurs et Synonymie.	Sil.	Dev.	Carb.	Perm.	Localités.	Observations.
1	Osteodesm. Kutorgana	nob. Tab. nost XIX. f. 9	....	....	....	R.	*Arzamas*, *Sergiesk*, *Nikefur*.	
	Unio	Brug.						
1	— umbonatus	Fischer, 1840, Bull. de la Soc. des Nat. de Moscou, p. 489; Tab. nost. XIX. f. 10.	....	....	....	R.	*Karla*, district de *Bielebei*.	
2	— esp. indét.	Kutorga, 1842, Verh. M. G. St. Petersb. p. 27. pl. 6. f. 4; *Unio acuta*, Sow. Fisch. *loc. cit.*	....	....	....	R.	*Do.* *do.*	
	Axinus	Sow. *partim*. *Schizodus*, King. (MS.)	....	....	....	....	....	Persuadé que l'*Axinus* du magnesian limestone diffère essentiellement de l'*Axinus angulatus* du London clay, M. King, propose le nouveau nom générique de *Schizodus*.
1	— obscurus	Sow. Min. Con. pl. 314	....	....	....	E.	Garforth près Leeds.	
2	— parallelus	King (MS.)	....	....	....	E.	Côte entre Shields et Sunderland.	
3	— truncatus	King (MS.)	....	....	....	E.	Humbleton.	
4	— Schlotheimi	*Cucullæa id.* Geinitz, N. Jahrb. 1841, p. 638. pl. 11. f. 6; *Tellinites dubius*, Schl. Mün. Ak. vi. pl. 6. f. 4. 5; Gæa von Sachsen, p. 96.	....	....	....	E.	Eisenach, Glücksbrunn, Gera	Des échantillons donnés par M. Geinitz nous ont convaincu que sa *Cucullæa Schlotheimi* avait le même appareil dentaire que l'*Axinus Rossicus*.
5	— Rossicus	nob. Tab. nost. XIX. f. 7 *a*, *b*.	....	....	....	R.	*Itschalki*, *Kliutziski* sur le Volga 30 verstes au-dessous de *Kazan*, *Cleveline* sur la *Tcheremsham*.	
6	— rotundatus	Brown, Manch. Trans. vol. i. pl. 6. f. 29.	....	....	....	E.	Newtown près Manchester.	
7	— parvus	id. ibid. p. 65. pl. 6. f. 30	....	....	....	E.	ibid.	
8	— undatus	id. ibid. pl. 6 f. 31	....	....	....	E.	ibid.	
9	— pusillus	id ibid. pl. 6. f. 32	....	....	....	R.? E.	ibid. *Cleveline*.	

nº	Genres et Espèces.	Auteurs et Synonymie.	Sil.	Dev.	Carb.	Perm.	Localités.	Observations.
10	Axinus minimus....	(*Lucina minima*) id. ibid. pl. 6. f. 33..	.....	.....	.....	E.	ibid.	
	Nucula...........	Lam.						
1	— Kazanensis......	nob. Tab. nost. XIX. f. 14.........	.....	.....	.....	R.	*Sviask.*	
2	— Vinti..........	King (MS.) *Astarte*, Sedgw. Trans. Geol. Soc. 2nd series, vol. iii. p. 119.	.....	.....	.....	E.	Whitley, Durham.	Identique avec la *Cucullæa sulcata*, Geol. Tr. 2nd ser. vol. iii. p. 119.
	Arca.............	Linn.						
1	— tumida.........	Sow. M.C. pl. 474. f. 3...........	.....	.....	.....	E.	Durham, Humbleton.	
2	— antiqua........	(Münst.) Goldf. pl. 122. f. 8; *Myt. striatus*, Schl. Mün. Ak. vol. vi. pl. 6. f. 3.	.....	.....	.....	E.	Glücksbrunn.	
3	— Kingiana.......	nob. pl. XIX. f. 11..............	.....	.....	.....	R.	*Ilchegulova.*	
	Mytilus...........	Linn.						
1	— acuminatus.....	*Mod. id.* Sow. Geol. Tr. 2nd ser. iii. p. 119; *Myt. Hausmanni*, Goldf. pl. 138. f. 4.	.....	.....	.....	E.	Humbleton, Durham, couches inférieures de Gera, Schwarzfeld.	
2	— septifer........	King (MS.).....	.....	.....	.....	E.	Durham.	
	Modiola..........	Lam.						
1	— Pallasi.........	nob. Tab. nost. XIX. f. 16, *a—k*....	.....	.....	.....	R.	*Arzamas, Itschalki, Barnukova, Ustlon, Kliutziski, Sergiesk, Tchistopol, Ilchegulova. Nikefur, Grebeni, Tchelpan, Tchagestrova* sur la *Dwina.*	
2	— costata.........	(*Arca costata*) Brown, Manch. Tr. vol. i. pl. vi. f. 34, 35; *Pleurophorus costatus*, King (MS.).	.....	.....	.....	R. E.	*Itschalki*; Humbleton, Newtown près Manchester, Yorkshire, Neustadt?	M. King propose le nouveau genre *Pleurophorus* pour ces deux fossiles.
3	— modioliformis....	*Pleurophorus modioliformis*, King (MS.)	.....	.....	.....	E.	Humbleton	(see above)
	Pinna............	Linn.						
1	— prisca..........	Laspe, Münst. 1839, Beitr. heft 1. p. 45. pl. 4. f. 4; Gein. Gæa von Sachsen, p. 96.	.....	.....	.....	E.	Glücksbrunn, Merzenberge près Gera, Neustadt.	

n°	Genres et Espèces.	Auteurs et Synonymie.	Sil.	Dev.	Carb.	Perm	Localités.	Observations.
	MONOMYAIRES.							
	Avicula...........	Lam.						
1	— speluncaria......	Quenst. Wiegm. Arch. 1835. pl. 1. f. 1; Gein. N. Jahrb. 1841. p. 639; *Gryphites id.* Schl.; *A. gryphæoïdes.* Sow. Geol. Tr. 2nd series, p. 119; Omal. d'H. Préc. Elém. de G. 1843.	.....	.....	.....	R.? E.	Roschitz, Kœnitz, Pœsneck, Glücksbrunn; *Arzamas?*	
2	— keratophaga.....	Quenst. Wieg. Arch. 1835, p. 86; *Mytil. keratoph*, Schl. Mün. Ak. vi. pl. 5. f. 2; Goldf. pl. 116. f. 6: Gein. N. Jahrb. 1841, p. 639; aff. to *A. lunulata*, De Kon. Gæa von Sachs. p. 96.	.....	.....	.....	R. E.	Glücksbrunn, Kœnitz, Pœsneck, Kamsdorf, Humbleton, *Ustlon*, *Kargala*.	Selon M. King, ces deux coquilles ont deux impressions musculaires bien définies.
3	— antiqua.........	Münst. Goldf. 116. f. 7; (non Goldf. 160. f. 9.)	.....	.....	R.	R. E.	*Mala Jaroslavetz*, *Mary's Canal*, C.; Glücksbrunn, Humbleton; *Tioplova*, *Kliutziski*, *Pinega*, *Barnukova*.	
4	— Kazanensis......	nob., *postea*, pt. iii..............	.....	.....	.....	R.	*Ustlon* près *Kazan*, *Sergiesk*...	Voisine de l'*A. speluncaria*.
5	— sericea..........	nob., *postea*, pt. iii..............	.....	.....	.....	R.	*Ustlon* près *Kazan*, *Arzamas*.	
6	— inflata..........	Brown, Manch. Trans vol. i. p. 65. pl. 6. f. 25, 26.	.....	.....	.....	E.	Newtown près Manchester.	
7	— Binneyi.........	id. ibid. pl. 6. f. 27............	.....	.....	.....	E.	ibid..........	
8	— discors..........	id. ibid. pl. 6. f. 28............	.....	.....	.....	E.	ibid..............	
	Gervillia...........	Defr.						
1	— ? tumida........	King (MS.)......................	.....	.....	.....	E.	Humbleton.	
2	— esp. indét.......	Gein. N. Jahrb. 1841, p. 639. pl. 11, f. 2.	.....	.....	.....	E.	Altenburg, Sommeritz, etc.	
	Pecten.	Linn.						

n°	Genres et Espèces.	Auteurs et Synonymie.	Sil.	Dev.	Carb.	Perm.	Localités.	Observations.
1	Pecten pusillus......	*Pleuronectes pusillus*, Schl. Mün. Ak. vi. pl. 6. f. 6.; *Lima pusilla*, Quenst. Wieg. Arch. 1835, p. 81.	.....	.....	.....	E.	Glücksbrunn, Humbleton.	
2	— Koksharofi.......	nob., *posteà*, pt. iii...............	.....	.....	.....	R.	*Shidrova.*	
3	— esp. indét........	Sow. Geol. Trans. 2nd series, iii. p. 120.	.....	.....	.....	E.	Humbleton.	
	Spondylus..........	Lam.						
1	— Goldfussii.......	Münst. 1839, Beitr. heft. 2. p. 44. pl. 4. f. 3; Gein. Gæa von Sachsen, p. 96.	.....	.....	.....	E.	Rœpsen près Gera; Corbusen.	
	Ostrea.............	Linn.						
1	— matercula........	nob., *posteà*, pt. iii....	.....	.....	.....	R.	*Itschalki*..................	Cette *Ostrea*, quand nous l'avons découverte, était la plus ancienne que l'on connût.
2	— ? pusilla.........	King(MS.)..........	.....	.....	.....	E.	Côte entre Shields et Sunderland.	
	MOLLUSQUES.							
	GASTÉROPODES.							
	Melania............	Lam.						
	— plus. esp. indét...	Phill. (MS) Geol. Tr. 2nd s. vol. iii. 118.	.....	.....	.....	E.	Hawthorn hive, Durham.	Pendant que nous écrivons, M. de Koninck en a trouvé une autre espèce dans le calcaire carbonifère de Belgique.
	Natica.............	Adanson.						
1	— minima..........	Brown, Manchester Trans. vol. i. pl. 6. f. 22, 23, 24.	.....	.....	.....	E.	Newtown, Humbleton.	
2	— esp. indét........	Voisine de la précédente...........	.....	.....	.....	R.	*Itschalki*, *Ilchegulova.*	
	Euomphalus........	Sow.						
1	— planorbites......	Münst. (Collect. du Dr. Schmidt à Jena); Gein. Gæa v. Sachsen. p. 94.	.....	.....	.....	E.	Kamsdorf.	
	Pleurotomaria......	Defr.						
1	— carinata.........	Phill. G. Yorks. ii. pl. 15. f. 1.; *Helix id.* Sow. Min. Conch. pl. 10.	.....	.....	E.	E.	Settle, Yorkshire; Castle Isl., Irlande, C.; Humbleton, P. (King).	

n	Genres et Espèces.	Auteurs et Synonymie.	Sil.	Dev.	Carb.	Perm.	Localités.	Observations.
2	Pleurotomaria penea.	nob., *postea*, pt. iii.	.....	.....	.....	R.	*Arzamas*, *Kliutziski*, *Meteftamak* sur la *Dioma*.	
3	— nodulosa	King. (MS.)	.....	.....	.....	E.	Humbleton.	
	Trochus	Linn.						
1	— antrinus	Schl. Mün. Ak. pl. 7. f. 6. (*Trochilites*).	.....	.....	.....	E.	Glücksbrunn.	
2	— helicina	*Troc'il. helic.* Schl.; Quenst. Wiegm. Arch. 1835; *Turbo hel.* Gein. Jahrb. 1841, p. 658; *Troch. id.* Gein. Gæa v. Sach. 95.	.....	.....	.....	E.	ibid., Altenburg	Cette coquille nous parait être un *Pleurotomaria*.
	Turbo	Linn.						
1	— Mancuniensis	Brown. Manch. Tr. vol. i. pl. 6. f. 1, 2, 3.	.....	.....	.....	E.	Newtown, Humbleton.	
2	— minutus	Brown. ibid. p. 6. f. 4, 5	.....	.....	.....	E.	Newtown.	Petite et conique.
3	— esp. indét.	Gein. Gæa v. Sachsen, p. 95.	.....	.....	.....	E.	Saara, Zehma, Sommeritz près Altenburg.	
	Macrocheilus	Phill.						
1	— symmetricus.	King (MS.)	.....	.....	.....	E.	Humbleton.	
	Loxonema	Phill.						
1	— rugifera	Phill. Pal. Foss. pl. 38. f. 188; *Melania id.* Ph. Geol. Yorks., ii. pl. 16. f. 26.	.....	E.	E.	E. ?	Brushford, D.; Otterburn, *Valdai*, C.; Humbleton? (King MS.). P.	
2	— ? Urei	*Turritella Urei*, Flem. Brit. Anim. p. 305; Ure Ruth. pl. 14. f. 7.	.....	.....	E.	E. ?	Lanarks C.; Humbleton? (King MS.), P.	
	Turritella	Lam.						
1	— biarmica	Kutorga, Verh. M. G. St. Pétersb. 1842, p. 28. pl. 6. f. 3.	.....	.....	.....	R.	District de *Bielebei*, *Itschalki*.	
	Murchisonia	D'Arch. et De V.. Bull. S. G. de Fr. xii. p. 154.						
1	— subangulata	nob., *postea*, pt. iii	.....	.....	.....	R.	*Itschalki*, *Arzamas*, *Kliutziski*, *Tchistopol*, *Nikefur*.	
	Rissoa	Fréminville.						

nº	Genres et Espèces.	Auteurs et Synonymie.	Sil.	Dev.	Carb.	Perm.	Localités.	Observations.
1	Rissoa pusilla	Brown, Manchester Trans. vol. i. p. 63. pl. 6. f. 6, 7, 8.				E.	Newtown près Manchester.	
2	— Leighii	Brown, Manch. Tr. vol. i. p. 63. pl. 6. f. 9. 10. 11.				E.	Newtown près Manchester.	
3	— minutissima	id. ib. pl. 6. f. 12, 13, 14				E.	ibid.	
4	— Gibsoni	id. ib. pl. 6. f. 15, 16, 17				E.	ibid.	
5	— obtusa	id. ib. pl. 6. f. 19. 20. 21				E.	ibid. Silksworth. Co. de Durham.	
	Céphalopodes.							
	Nautilus	Linn.						
1	— Freieslebeni	Gein. N. Jahrb. 1841, p. 637, pl. 11. f. 1; id. Gæa v. Sachsen, p. 95.				E.	Gera. Ilmenau.	
2	— esp. indét	nob.				R.	*Shidrova* sur la *Dwina*	Peut-être un fragment de *Cyrtoceratites.*
1	Ammonites? (fragm.)	Sow. Geol. Tr. 2nd Ser. iii. p. 118				R. ?		Ce fragment appartient à un *Nautilus* (King).
	ANNÉLIDES.							
	Serpula	Linn.						
1	— esp. indét	Geinitz, N. Jahrb. 1841, p. 638; id. Gæa v. Sachs. p. 95.				E.	Corbusen, Altenburg.	
2	— traces indét	Sow. Geol. Trans. 2nd Ser. vol. iii. p. 118.				E.	Humbleton; côte entre Shields et Sunderland.	
	CRUSTACÉS.							
	Limulus	Müll.						
1	— oculatus	Kutorga, Beitr. z. Kenntn. des Kupfers. der Ural, 1838, p. 22. pl. 4. f. 1, 2, 3.				R.	*Gouvernement de Perm.*	
	Cytherina	Lam.						
1	— esp. indét	nob.				R.	*Rapolnaia* près la rivière *Sylva; Akbash* près *Bugulma; Viasniki.*	

n°	Genres et Espèces.	Auteurs et Synonymie.	Sil.	Dev.	Carb.	Perm.	Localités.	Observations.
	POISSONS. CESTRACIONTES.							
	Janassa............	Münst.						
1	— angulata.........	Münst. Beitr. heft 1. 1839, p. 46 et 114. pl. 4. f. 1, 2; id. heft 3. pl. 3. f. 5; Kurtze. Comm. p. 20: Gæa v. Sachsen, p. 95.	.....	.....	.....	E.	Glücksbrunn, Eisleben, Richelsdorf.	Le *Janassa Humboldti* Münst. heft, 1, p. 116, est probablement une simple variété.
2	— bituminosa......	Münst. heft 1. p. 116; Schl. Nachtr. 2nd part. pl. 22. f. 9; Gæa v. Sachsen.	.....	.....	.....	E.	Schmerbach, Richelsdorf...	*Trilobites bituminosus* (Schl.) var. de la *J. angulata* (Geinitz).
3	— dictea..........	Münst. heft 1. 1842; heft 5. p. 39. pl. 15. f. 10-16.	.....	.....	.....	E.	Richelsdorf.	
	Dictea............	Münst.						
1	— striata..........	Münst. Beitr. heft 3. p. 124. pl. 3. f. 1 et 2. pl. 8. f. 3-10; id. 1842. heft 5. pl. 51: *Acrodus larva*, Agas. vol. 3 pl. 22. f. 23-25	.....	.....	.....	E.	Richelsdorf, Thalitter.	
	Wodnika..........	Münst.						
1	— striatula........	Münst. Beitr. heft. 6. p. 48. pl. 1. f. 1 *a-d*.	.....	.....	.....	E.	Richelsdorf.	
	Byzenos...........	Münst.						
1	— lati-pinnatus.....	Münst. Beitr. heft 6. p. 50. pl. 1. f. 2...	.....	.....	.....	E.	Richelsdorf.	
	Radamas..........	Münst.						
1	— macrocephalus...	Münst. Beitr. heft 6. p. 52. pl. 14. f. 1.	.....	.....	.....	E.	Richelsdorf.	
	Strophodus........	Agass.						
1	— arcuatus.........	Münst. Beitr. heft 3. 1840, p. 123. pl. 3. f. 7. pl. 8. f. 11. heft 6. p. 50. pl. 1. f. 3.	.....	.....	.....	E.	Richelsdorf.	
	Acrodus...........	Agass.						
1	— Althausi........	Münst. Beitr. heft 3. pl. 8. f. 5. pl. 3 et 4. f. 6.	.....	.....	.....	E.	ibid.	

nº	Genres et espèces.	Auteurs et Synonymie.	Sil.	Dev.	Carb.	Perm.	Localités.	Observations.
	Gyropristis	Ag.						
1	— obliquus	Ag. 5. p. 177	.....	.....	.....	E.	près Belfast.	Ichthyodorulite.
	LEPIDOIDES.							
	Palaeoniscus	Agass.						
1	— Freieslebeni	Ag. Poiss. Foss. v. 2. p. 66. pl. 11 et 12, Germ. Verst. d. Mansf. p. 12. f. 9-14; Kurtze, Commentatio, 1839, p. 12; Knorr. 1755, p. 17-19: *Synon. Ichthyolitus Eislebenensis, Palæothrissum æquilobum*, Huot: *Palæot. blennioïdes*, Holl.; *Acipenser bituminosus*, Germ. *Palæon. Freiestebeni*, Blainv.; *Palæot. macrocephal.*, Blainv.; *Clupea Lametherii*, Blainv.	.....	.....	E.	E.	Ardwick, C.; Mansfeld, Hesse.	Selon M. Germar, son *P. megacephalus* n'est peut-être qu'une variété de cette espèce, à tête large et déprimée.
2	— macropomus	Ag. Poiss. Foss. v. 2. p. 81. pl. 9. f. 6, 7.	.....	.....	.....	E.	Ilmenau.	
3	— magnus	Ag. v. 2. p. 78. pl. 13 and 14; Germ. Verst. p. 18; Kurtze, Comm. p. 13.	.....	.....	.....	E.	seld.	
4	— comtus	Ag. v. 2. p. 97. pl. 10 *b*. f. 1-3; *Paleot. magnum*, *P. macrocephalum* Blainv. Geol. Tr. 2nd ser. iii. pl. 8. f. 1. 2. pl. 9. f. 2.	.....	.....	.....	E.	E. Thickley; Ferry Hill, Co. de Durham; Darlington; Clarence railway; west holden; Witley; Rushyford.	
5	— elegans	Ag. 2. p. 95. pl. 10 *b*. f. 4, 5; *Palæot. id.* Sedgw. Geol. Tr. 2nd ser. iii. pl. 9. f. 1.	.....	.....	.....	E.	E. Thickley; Midderidge, Co. de Durham; Darlington.	
6	— glaphyrus	Ag. 2. p. 98. pl. 10 *c*. f. 1, 2	.....	.....	.....	E.	E. Thickley; Ferry Hill.	
7	— longissimus	Ag. Poiss. Foss. 2 p. 100. pl. 10 *c*. f. 4.	.....	.....	.....	E.	Ferry Hill; Houghton; w. Bol.	
8	— macrophthalmus	Ag. 2. p. 99. p. 10 *c*. f. 3	.....	.....	.....	E.	E. Thickley; Darlington.	

nº	Genres et Espèces	Auteurs et Synonymie.	Sil.	Dev.	Carb.	Perm.	Localités.	Observations.
9	Palæon. Tchefkini*..	Fisch. Bull. Nat. de Moscou, 1842, pl. 4.	.....	.....	.....	R.	District de *Bielebei*, *Steppe* de *Kargala*.	
10	— lepidurus........	Ag. 2. p. 64. pl. 10. f. 3, 7, 8, 9.....	.....	.....	.....	R. E.	Scharfeneck, comté de Glatz, Ottendorf, Silesia.	
11	— Vratislaviensis....	Ag. v. ii. p. 60. pl. 10. f. 1, 2, 4, 5, 6 .	.....	.....	.....	E.	Neudorf, Ruppersdorf, Silesia.	
12	catopterus.......	Ag. Poiss. Foss. et Proc. Geol. Soc. vol. ii. p. 206.	.....	.....	.....	E.	Rhone Hill, Irlande........	Nous considérons le grès rouge de Rhone Hill comme l'équivalent des roches de Silésie dont nous avons parlé plus haut.
	Tetragonolepis......	Fisch.						
1	— Murchisoni......	Fisch. Bull. de Moscou, 1842, p. 465..	.....	.....	.....	R.	*Troitsk*.	
	Platysomus.........	Ag.						
1	— gibbosus.........	Ag. 2. p. 164. pl. 15; Germ. Verst. d. M. p. 25; Kurtze, Comm. p. 22: *Stromateus gibbosus*, Blainv.; *Strom. angulat.* Germ.; *Rhombus diluvian.*, Wolfarth.	.....	.....	.....	E.	Mansfeld Richelsdorf.	
2	— rhombus........	Ag. 2. p. 167. pl. 16; Germ. *l. c.* p. 26; Kurtze, p. 24; Knorr. p. 1. pl. 20. f. 1; *Stromateus major*, Blainv.; *Strom. Knorri*, Germ.; *Rhombus diluv.*, Wolfarth.	.....	.....	.....	E.	Mansfeld.	
3	— macrurus........	Ag. 2. p. 170. pl. 18. f. 1. 2; Geol. Tr. 2nd ser. iii. pl. 12. f. 1, 2.	.....	.....	.....	E.	E. Thickley.	
4	— parvus..........	Ag. 2. p. 170. p. 18. f. 3; Geol. Tr. Ist. ser. iv. pl. 2.	.....	.....	.....	E.	Low Pallion, Northumberland	

* Trois espèces, très probablement appartenant à ce genre, ont été trouvées dans la Steppe de Kargala, près d'Orenbourg, et sont maintenant dans la collection du Corps des mines à Saint-Pétersbourg.

n°	Genres et Espèces.	Auteurs et Synonymie.	Sil.	Dev.	Carb.	Perm.	Localités.	Observations.
5	Platys. striatus......	Ag. 2. p. 168. pl. 17. f. 1-4; Geol. Tr. 2nd ser. iii. pl. 12. f. 3, 4; *Uropteryx striatus* (Walchner).	.....	.....	.....	E.	Whitley; Durham (*Sedgw.*), East Thickley; Ferry Hill.	
6	— intermedius......	Münst. Beitr. heft 5. 1842. p. 43.....	.....	.....	.....	E.	Richelsdorf.	
7	— Althausi.........	Münst. ibid. p. 44. pl. . f. 2........	.....	.....	.....	E.	ibid.	
8	— Fuldai..........	Münst ib. p. 45. pl. 6. f. 1..........	.....	.....	.....	E.	ibid.	
	Dorypterus.........	Münst.						
1	— Hoffmanni.......	Germ. Münst. Beitr. 1842, heft 5. p. 35. pl. 14. f. 4.	.....	.....	.....	E.	Richelsdorf.	
	SAUROÏDES.							
	Acrolepis..........	Ag.						
1	— Dunkeri.........	*Palæon. Dunkeri*. Germ. Verst. d. Mansf. p. 19. f. 1-5; Kurtze, Comm. pl. 1; Münst. Beitr. heft 5. p. 40; *Acr. asper*, Ag. Jahrb. 1841, p. 614; id. Gæa v. Sachsen, p. 94.	.....	.....	.....	E.	Mansfeld, Eisleben, Richelsdorf.	
2	— exculptus........	Gein. Gæa v. Sachsen, p. 94; *Pal. exculptus*, Germ. *loc. cit.* p. 21. f. 6-8; Kurtze, ib. p. 19. pl. 2; Münst. Beitr. heft 5. p. 42. pl. 6. f. 2.	.....	.....	.....	E.	Mansfeld, Schmerbach.	
3	— Sedgwicki.......	Ag. 2. p. 11. pl. 52; Geol. Tr. 2nd ser. iii. pl. 3. f. 3.	.....	.....	.....	E.	Ferry Hill; East-Thickley.	
4	— angustus........	Münst. Beitr. heft. 5. p. 40..........	.....	.....	.....	E.	Richelsdorf.	
5	— giganteus........	Münst. Beitr. heft. 5. p. 41..........	.....	.....	.....	E.	Richelsdorf.	

n°	Genres et Espèces.	Auteurs et Synonymie.	Sil.	Dev.	Carb.	Perm.	Localités.	Observations.
6	Acrol. intermedius...	Munst. Beitr. heft. 5. p. 41..........	.....	.....	.....	E.	Richelsdorf.	
	Pygopterus.........	Ag.						
1	— Humboldti.......	Ag. 2. p. 10. pl. 54, 55; Germ. Verst. d. M. p. 22; Kurtz. Comm. p. 25, *Esox Eislebensis*, Krüger; Münst. Beitr. heft 5. p. 48. pl. 5. f. 1.	.....	.....	.....	E.	Mansfeld, Richelsdorf, Neudershausen, Glücksbrunn.	
2	— mandibularis	Ag. 2. p. 10. pl. 53 et 53 *a.*; Geol. Trans. 2nd ser. iii pl. 10, 11; *Nemopteryx mandibularis* et *Sauropsis Scoticus* Walchn).	.....	.....	.....	E.	Ferry Hill; East-Thickley.	
	PYCNODONTES.							
	Globulodus.........	Münst.						
1	— elegans..........	Münst. Beitr. heft 5, 1842, p. 47. pl. 15. f. 7.	.....	.....	.....	E.	Richelsdorf.	
	CŒLACANTHES.							
	Cœlacanthus.........	Ag.						
1	— granulosus.......	Ag. 2. pl. 62....................	.....	.....	.....	E.	Ferry Hill; East-Thickley.	
2	— Hassiæ..........	Münst. Beitr. heft 5. p. 49.........	.....	.....	.....	E.	Richelsdorf.	
	REPTILES.							
	Protorosaurus......	Herm. v. Meyer						

n°	Genres et Espèces.	Auteurs et Synonymie.	Sil.	Dev.	Carb.	Perm.	Localités.	Observations.
1	Protor. Speneri.....	id. in Münst. Beitr. heft 5, p. 1. pl. 8. f. 1; *Monitor antiquus*, Holl; Mon. Foss. de Thur. Cuvier; Miscell. Berolinensia, 1710, p. 99; Link Act. Erudit. Lipsiæ, 1718. pl. 11; Gein. Gæa v. Sachs. p. 95.	.....	.....	.....	E.	Mansfeld, Glücksbrunn, Eisleben.	
	Thecodontosaurus...	Riley et Stutchb.						
1	— antiquus........	Riley, Geol. Tr. 2nd ser. v. p. 349....	.....	.....	.....	E.	Redland près Bristol.	
	Palæosaurus........	Riley et Stutchb.						
1	— cylindrodon.....	Riley, Geol. Tr. 2nd ser. v. pl. 29. f. 4..	.....	.....	.....	E.	ibid.	
2	— platyodon.......	id. Geol. Tr. 2nd ser. v. pl. 29. f. 5..	.....	.....	.....	E.	ibid.	
	Rhopalodon.........	Fisch.						
1	— Vangenheimi.....	Fisch. Bull. Soc. d. Moscou, 1841, p. 460. pl. 7.	.....	.....	.....	R.	*Klutchefskoi* près la rivière *Dioma* (*Bielebei*), et mines de *Carlinski* près *Nijni Troisk*.	
	Brithopus..........	priscus } Kutorga. Beit. zur Kenntn. Ural, 1838.						
	Orthopus..........	primævus }	.....	.....	.....	R.	*Gouvernement de Perm*.....	Ces trois genres ont besoin d'être examinés de nouveau.
	Syodon...........	biarmicum }						

Nota. Le tableau général des poissons fossiles, que vient de publier M. Agassiz, comprend trois espèces qui ne sont pas mentionnées dans notre liste, savoir : les *Palæoniscus speciosus* et *ornatus*? (Munst.), de Richelsdorf, et le *Pygopterus sculptus* (Agas.) de Ferry Hill, en Angleterre.

TABLEAU RÉSUMÉ DE LA FAUNE DU SYSTÈME PERMIEN EN EUROPE.

CLASSES.	Genres.	Nombre total des espèces en Europe.	Espèces exclusivement particulières au système permien en Europe.	Espèces trouvées dans des dépôts plus anciens.	Espèces trouvées en Russie.			
					a. Propres à ce pays.	Trouvées déjà ailleurs.		
						a'. A la fois dans le système permien et les systèmes plus anciens.	*b'.* Dans le système permien exclusivement.	*c'.* Dans les systèmes plus anciens exclusivement.
Polypiers	7	15	13	2	3	1?	2	»
Échinodermes	2	2	1	1	»	»	»	»
Conchifères. Ord. Brachiopodes	7	30	20	10	8	3	4	5
— Ord. Dimyaires	10	26	26	»	8	»	3	»
— Ord. Monomyaires	5	16	15	1	4	»	3	»
Mollusques. Ord. Gastéropodes	11	22	19	3	3	»	»	»
— Ord. Céphalopodes	1	3	3	»	1	»	»	»
Annélides	1	2	2	»	»	»	»	»
Crustacés	2	2	2	»	2	»	»	»
Poissons	16	43	42	1	2	»	»	»
Reptiles	4	5	5	»	1	»	»	»
Total	66	166	148	18	32	3 ou 4	12	5

Nous avons soumis à notre ami M. Agassiz un très petit nombre d'ichthyolithes permiens de Russie, et nous regrettons infiniment de terminer ce tableau sans pouvoir y ajouter les observations qu'il a promis de nous communiquer à cet égard.

Paris. — Imprimerie de BOURGOGNE et MARTINET, rue Jacob, 30.

www.ingramcontent.com/pod-product-compliance
Ingram Content Group UK Ltd.
Pitfield, Milton Keynes, MK11 3LW, UK
UKHW022146170726
13837UKWH00004B/1802

9 782329 328256